셀럽들이
알려주는 **보통날의**
패션&슈즈
스타일링

보통날의 패션&슈즈 스타일링

지은이 한정민
펴낸이 임상진
펴낸곳 (주)넥서스

초판 1쇄 발행 2012년 6월 25일
초판 3쇄 발행 2012년 7월 5일

2판 1쇄 발행 2012년 12월 15일

3판 1쇄 인쇄 2017년 5월 1일
3판 1쇄 발행 2017년 5월 5일

출판신고 1992년 4월 3일 제311-2002-2호
10880 경기도 파주시 지목로 5
Tel (02)330-5500 Fax (02)330-5555

ISBN 979-11-5752-937-7   13590

www.nexusbook.com
넥서스BOOKS는 넥서스의 실용 브랜드입니다.

셀럽들이 알려주는

보통날의 패션&슈즈 스타일링

한정민 지음

넥서스BOOKS

Prologue

슈즈로 **스타일**을
평정하라!

마릴린 먼로는 "멋진 슈즈를 신은 여자는 세상을 정복할 수 있다."라고 말했다. 그녀의 말처럼 멋진 슈즈가 있다면 자신의 스타일을 세련되게 표현할 수 있고 어디에서든지 주목받을 수 있다. 평범한 옷차림에도 미친 존재감을 드러내는 패션 피플도 슈즈로 스타일을 평정한다.

나 역시 어렸을 때부터 슈즈의 매력에 빠져 설렘과 두근거림을 경험하며 성장해 왔다. 지금은 어렸을 때 신었던 슈즈들이 없지만 그 추억은 고스란히 남아 있다. 아장아장 걷던 어린 시절에 신었던 레드 부츠, 봄날의 벚꽃 나들이를 함께했던 리본 달린 메리 제인 슈즈, 88 서울올림픽 덕분에 동심을 사로잡았던 호돌이 운동화, 온종일 뛰놀아도 끄떡없던 편안한 옥스퍼드 슈즈. 어린 나에게 슈즈는 즐거움이고 추억이다.

지금도 중학교 입학식을 앞두고 어머니가 선물해 주신 스웨이드 펌프스 앞에서 가슴이 두근거렸던 기억이 생생하다. 페미닌한 리본 장식과 날렵한 앞코가 얼마나 예뻐 보였던지, 드디어 아동화가 아닌 여성화 브랜드의 슈즈를 신는다는 생각에 저절로 어깨가 으쓱해지

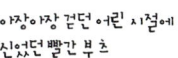
아장아장 걷던 어린 시절에
신었던 빨간 부츠

중학교 입학선물로 받은 스웨이드 펌프스

봄날의 벚꽃 나들이를 함께했던
리본이 달린 메리 제인 슈즈

곤 했다. 무려 3cm에 달하는 굽은 어린 나에게 어른스러움의 상징이
자 특권이었다. 지금 생각하면 낮은 로힐 펌프스가 그 당시에는 왜
그리도 아찔하게 느껴졌는지 슬며시 웃음이 나온다. 하루에도 몇 번
씩 고이 모셔 둔 슈즈를 꺼내 신어 보며 가슴 설레곤 했다. 학교 규정
때문에 입학식 때는 신지 못했지만 그해 겨울, 신데렐라를 꿈꾸게 해
준 작은 슈즈 한 켤레의 위력은 첫사랑처럼 강렬하고 짜릿했다.

소녀티를 갓 벗은 무렵에는 발이 까지고 물집이 잡히더라도 굳세게
킬 힐만을 고집했다. 키가 커 보여야 옷발이 산다는 나름의 패션 철
학 때문이었다. 멋은 부리고 싶지만 방법을 몰라서 부끄러운 순간도
많았다. 연한 옐로 스웨터와 같은 컬러의 꽃무늬 바지에 하얀 면양말
과 블랙 정장 슈즈를 매치하거나 하늘하늘한 시폰 원피스를 입고 무
시무시한 아줌마 스타일 통굽 부츠에 올라타기도 했으니까.

영화 속의 아름다운 스타일 아이콘을 동경하고, 잡지 속의 멋진 셀러
브리티를 부러워하며, 길을 걷다 마주친 패셔너블한 여성을 곁눈질
하며 고민을 거듭했다. "스타일리시한 여자들은 도대체 무엇이 다를
까?" 밋밋한 의상을 단박에 엣지 있게 만드는 힘, 평범한 리틀 블랙

드레스를 순진한 소녀에서 치명적인 팜므파탈로 변신시키는 힘, 몇 가지 단출한 의상으로 365일 잇 걸로 살아가는 그녀들의 스타일링 비법! 그것은 바로 2% 다른 슈즈 코디네이션이다. 모든 패션의 기본이 슈즈라는 점, 그것이 바로 이 책을 집필하게 된 계기이다.

나는 멋진 슈즈가 스타일을 완성하고 여자를 변화시키며 인생을 좋은 방향으로 이끌어 준다고 믿는다. 그래서 중요한 일을 앞두고 우선 그날 신을 행운의 슈즈를 고른다. 중요한 미팅에는 프로페셔널한 인상을 주는 포인티 토 하이힐 펌프스, 활동량이 많은 외근 시에는 발이 편한 플랫 슈즈, 로맨틱한 저녁 약속 자리에는 반짝이는 주얼리 장식 이브닝 샌들이 스타일을 빛내는 주인공이다.

어떤 슈즈를 신는지에 따라 나의 태도와 마음가짐이 달라진다. 마치 발끝에 심장이 달린 것처럼 말이다.

《룩 앳 슈즈》를 집필하는 동안 종종 화려한 킬 힐 슈즈를 꺼내 신었다. 싱숭생숭하고 일이 풀리지 않아도 스타일리시한 슈즈를 신었다는 사실만으로 큰 위안이 되었기 때문이다. 가는 스틸레토 하이힐을 신고 오즈의 마법사의 도로시처럼 굽을 세 번 톡! 톡! 톡! 치면 신기하게도 좋은 아이디어가 떠올라 힘이 나곤 했다. 그런 의미에서 《룩 앳 슈즈》 작업의 절반은 나의 사랑스러운 슈즈들에게 빚지고 있다 해도 과언이 아니다.

이제 이 책을 통해 2% 다른 슈즈 코디네이션에 대해 궁금했던 독자들의 고민이 시원하게 풀리면 좋겠다. 그래서 언제나 납작한 스니커즈만을 고집하며 신을 슈즈가 없다고 푸념했던 나날

과 이별하고 스타일리시한 여성으로 거듭나기를 바란다. 다가
올 특별한 순간순간을 멋진 슈즈와 함께하기를 바란다. 더 나아
가 마음속 깊숙한 신발장 안에 은밀하게 숨겨 놓았던 아찔한
꿈의 슈즈를 신고 또가또가 당당히게 자신의 인생을 길어 나가
기를 바란다.

슈즈는 스타일이다. 인생을 정의하는 방식이다. 당신의, 당신
에 의한, 당신을 위한 것이다. 그러니 밤하늘을 가로지르는 화
려한 불꽃처럼 마음껏 쏘아 올리길 바란다. 내가 첫사랑 슈즈
에게서 느꼈던 약간의 설렘과 두근거림을 담아서.
BOOM! BOOM! BOOM!

한정민

Contents

Part 4 셀러브리티 잇 슈즈

Part 5 슈즈 쇼핑 스토어

Book in Book 베이식 슈즈 가이드

interview

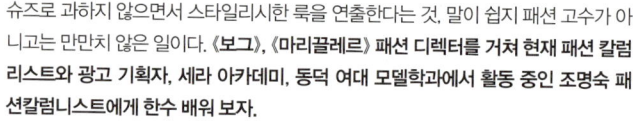

슈즈를 진짜 사랑하는, 슈즈를 정말 잘 아는, 슈즈만 보는 4명의 슈어홀릭이 진짜 좋은 슈즈를 고르는 법과 감각적인 슈즈 스타일링, 슈즈 숍에 대해 말한다.

패션계의 지존
조명숙 패션 칼럼리스트

슈즈로 과하지 않으면서 스타일리시한 룩을 연출한다는 것. 말이 쉽지 패션 고수가 아니고는 만만치 않은 일이다. 《보그》, 《마리끌레르》 패션 디렉터를 거쳐 현재 패션 칼럼리스트와 광고 기획자, 세라 아카데미, 동덕 여대 모델학과에서 활동 중인 조명숙 패션칼럼니스트에게 한수 배워 보자.

1. 나에게 슈즈란?

스타일을 완성시켜 주는 패션의 마침표 같은 존재. 하지만 때로는 느낌표의 역할도 해준다. 슈즈는 가끔 밋밋하거나 단순한 스타일에 생명력을 불어넣는 마지막 신의 한 방울 같은 존재이기 때문이다. 그럴 때는 당연히 느낌표이다. 슈즈는 옷보다 면적은 적지만 전체적인 분위기가 완전히 바뀌어 버려서 때로 더 중요한 역할을 한다. 회색 수트에 브라운 하이힐이나 블랙 또는 화이트 슈즈를 신는다면 전체적으로 튀지 않으면서 조화롭다. 하지만 인디언 핑크의 굽이 높은 슬링 백 슈즈를 신는다면 완전 다른 스타일로 변신한다. 슈즈는 이렇게 스타일에 마법을 부린다.

2. 좋은 슈즈의 조건

신어서 기분 좋은 슈즈. 새것이어도 발이 편안하고, 오랜 시간이 흘러도 촌스럽지 않은 슈즈.

3. 나만의 슈즈 스타일링 노하우

데님 쇼트 팬츠나 미니 원피스 등 기장이 짧은 옷에는 부츠나 단화가 잘 어울린다. 굽이 있는 것보다 없는 것이 착시를 일으켜 오히려 비율이 좋아 보인다. 반면 부츠 컷이나 일자형 팬츠에는 플랫폼 슈즈를 신는다. 바지통으로 슈즈 굽이 가려져서 최대한 높은 굽을 신어 주는 센스를 발휘한다. 때와 장소에 따라 다르지만 때로는 완벽한 정장 차림에 운동화를 신는 것도 멋스럽다. 같은 맥락에서 트레이닝복에 섹시한 스틸레토 힐을 신으면 역시 새로운 스타일을 창조해 낼 수 있다. 고정관념에서 자유로워지자! 그게 스타일링의 기본이다.

4. 화려한 슈즈를 노멀하게 신는 법 VS 심플한 슈즈를 튀게 신는 법

튀는 컬러의 슈즈를 신을 때는 회색이나 블랙 정장 같은 톤 다운된 옷에 매치한다. 디자인과 컬러가 단순한 슈즈는 오히려 노출이 좀 있거나 프릴이 장식된 옷과 매치한다. 프린트 의상에도 심플한 슈즈가 어울린다.

5. 최악의 슈즈 스타일링

체형이나 신체 비율을 고려하지 않은 슈즈 스타일링. 너무 작고 왜소한 체구의 사람이 무거워 보이는 웨지 힐을 신으면 사람은 보이지 않고 슈즈에만 시선이 간다. 반대로 체격이 큰 사람이 아슬아슬하게 얇고 뾰족한 스틸레토 힐을 신으면 역시 굽이 부러질까 조마조마하다.

6. 나의 머스트 해브 슈즈

핑크 에나멜 펌프스. 의외로 거의 모든 의상에 잘 어울린다.

7. 나만의 슈즈 스토어

해외는 밀라노 몬테 나폴레오네 거리의 매거진 1과 이탈리아 마르케의 슈즈 마을. 매거진 1은 밀라노 몬테 나폴레오네 명품 브랜드가 즐비한 패션 거리의 유일한 아웃렛으로 펜디부터 이브 생 로랑까지 웬만한 명품 브랜드를 두루 판매하고 있으며, 시중가보다 최대 60퍼센트 이상 저렴하다. 베르사체나 프라다 등도 거의 반값에 살 수 있다. 이탈리아 마르케의 슈즈 마을에는 프라다. 체사레 파치오티 등의 직영 숍이 있는데 신상품도 할인된 가격으로 구입할 수 있다. 국내는 이태원의 슈즈 박, 신사동 가로수길의 아기자기한 슈즈 숍을 자주 찾는다.

8. 슈즈를 돋보이게 하는 소품

전체적인 룩에 맞는 벨트, 가방과 미끈한 다리.

9. 좋아하는 슈즈 아이콘

브랜드는 구찌. 프라다, 보테가 베네타. 셀러브리티는 케이트 모스, 디자이너는 크리스찬 루부탱, 체사레 파치오티 등 셀 수 없을 정도로 많다.

10. 나만의 슈즈 보관법

같은 슈즈를 반복해서 신지 않고, 한 번 신었던 슈즈는 하루 정도 방치해서 말린 후 신발장에 넣는다. 부츠를 보관할 때는 신문지를 말아 넣고, 가죽 슈즈는 구입하자마자 슈즈 오일로 한 번 닦아 준 후 그늘에서 말려서 신는다.

조명숙 디자이너가 아끼는 슈즈. 뉴트럴 톤의 클래식한 슈즈를 선호한다.

❝슈즈는 옷보다 면적은 적지만 전체적인 분위기가 완전히 바뀌어 버려서 때로 더 중요한 역할을 한다. ❞

편견에서 벗어난 스타일링의 힘
이선율 마비엥 로즈 디자이너

틀에 박힌 패션으로 고민하고 있다면, 편견에서 벗어난 스타일링으로 주목받는 마비엥 로즈의 이선율 디자이너에게 그 해답을 들어 보자. 작은 부분을 변형해서 생각하지 못한 재미를 주는 미니멀 아방가르드 스타일의 슈즈로 완벽한 듯 비어 있는 아이러니한 여백의 미를 선보인다.

"키가 작다고 하이힐만 고집하거나, 비싼 슈즈니가 예쁠 것이라는 고정 관념은 전체적인 룩을 망치는 지름길이다."

MA VIE EN ROSE

1. 나에게 슈즈란?
나 자신을 표현하는 대변인. 단순한 제품이 아니라 정신적인 무엇이다. 만들면 만들수록 빠져든다. 기쁨, 환희, 흥분, 절망, 좌절, 분노의 감정이 수십 번씩 교차하는 감정의 흐름이다.

2. 좋은 슈즈의 조건
콘셉트, 디자인, 소재, 메이킹. 이 네 가지가 딱 맞아떨어져야 한다. 그래야 완성도가 높다.

3. 나만의 슈즈 스타일링 노하우
편견에서 벗어난 스타일링을 즐긴다. 키가 작다고 하이힐만 고집하거나, 비싼 슈즈니까 예쁠 것이라는 고정 관념은 전체적인 룩을 망치는 지름길이다. 개인적으로 좋아하는 스타일은 매니시 페미닌 룩이다. 남성적인 스타일과 여성적인 스타일이 섞이면 시

이선율 디자이너의 슈즈.
매니시함과 아방가르드한 디자인의
슈즈를 즐겨 신는다.

너지 효과가 생긴다. 러플 달린 블라우스에 매니시한 로퍼를 신거나, 날렵하게 떨어지는 남성 정장 팬츠에 아찔한 토 오픈 부티를 매치하면 스타일리시한 매니시 페미닌 룩을 연출할 수 있다.

4. 화려한 슈즈를 노멀하게 신는 법 VS 심플한 슈즈를 튀게 신는 법

튀는 슈즈는 튀게 신어야 스타일리시하다. 모노톤 의상에 슈즈를 원 포인트로 당당하게 활용한다. 어정쩡한 믹스매치는 오히려 촌스러우니 스타일링에 자신이 없다면 복잡한 디자인의 슈즈는 피한다.

5. 최악의 슈즈 스타일링

아무리 스타일리시한 슈즈를 신어도 뒷굽이 다 닳아서 가죽까지 까진 상태로 계속 신고 다닌다면 스타일 점수는 제로이다.

6. 나의 머스트 해브 슈즈

클래식한 블랙 로퍼. 가장 세련된 스타일을 완성할 수 있는 아이템이다.

7. 나만의 슈즈 스토어

합리적인 가격에 품질 좋은 슈즈를 사고 싶다면 아웃렛 스페이스 엠과 블러스를 추천한다. 독특한 슈즈는 편집 숍, 톰 그레이하운드 다운스테어에 많다. 일본과 유럽 출장을 갈 때면 로컬 빈티지 숍에 꼭 들른다. 빈티지 제품은 컬러와 소재가 특이하고 신비롭다. 세월이 지나도 전혀 촌스럽지 않은 모던한 디자인을 선호한다. 질 좋은 가죽으로 만들어진 부츠 제품을 주로 사는 편이다.

8. 슈즈를 돋보이게 하는 소품

삭스와 스타킹. 맨살에 신는 블랙 슈즈와 블랙&화이트 스트라이프 패턴 삭스에 신는 블랙 슈즈는 분위기가 다르다.

9. 좋아하는 슈즈 아이콘

드리스 반 노튼, 피비 파일로, 기욤 앙리, 마틴 마르지엘라를 좋아한다. 이들은 여성을 바라보는 관점과 취향이 매력적이다.

10. 슈즈 보관법

신문지를 돌돌 말아 슈즈 앞부분에 채워 넣고 쫄대를 끼워 넣어 변형을 막는다. 슈 박스에 잘 담아, 차곡차곡 쌓아 놓고 박스에 이름표를 꼭 붙여 놓는다.

김고은, 유병선
바이언스 디자이너

옷 잘 입는 사람들은 다양한 소재를 믹스매치하여 투박한 듯 섬세하게 독특한 감성을 풀어낸다. 바이언스의 혼성 듀오 디자이너 김고은, 유병선도 전체적인 스타일을 고려해서 슈즈로 스타일의 양면성을 감각있게 표현하는 패션 피플 중 하나이다. 그들이 생각하는 실용적인 믹스매치 슈즈 스타일링 노하우를 들어 보자.

1. 나에게 슈즈란?
나의 취향이나 성향을 나타내는 분신 같은 존재.

2. 좋은 슈즈의 조건
우선 발이 편해야 한다. 질 좋은 가죽으로 만든 슈즈는 신을수록 자연스러움이 배어나 신는 사람의 스타일이 멋스럽게 드러난다.

3. 나만의 슈즈 스타일링 노하우
디자인이 심플한 베이식 슈즈를 다양한 스타일의 옷과 매치하면 하나의 슈즈로 다양한 스타일을 연출할 수 있다. 이렇게 하면 장식이 배제된 무채색의 무난한 슈즈도 매번 새롭게 신을 수 있다.

4. 화려한 슈즈를 노멀하게 신는 법 VS 심플한 슈즈를 튀게 신는 법
슈즈를 선택할 때 가장 고려해야 할 요소는 전체적인 분위기이다. 예를 들어 스키니 진에는 활동적인 워커 부츠가, 폭이 좁은 정장 팬츠에는 매니시한 로퍼가 어울린다. 아이템을 정했다면 세부적인 포인트를 줄 차례이다. 기본 스커트에 심플한 펌프스를 신으면 전형적인 오피스 룩처럼 보여서 심심해 보일 수 있다. 이럴 때는 튀는 컬러의 슈즈로 포인트를 준다. 반대로 의상이 화려하다면 슈즈는 톤 다운된 기본 스타일을 고른다.

5. 최악의 슈즈 스타일링
뒷굽, 가죽 표면 등 관리가 제대로 되지 않은 슈즈를 신는 것.

6. 나의 머스트 해브 슈즈
심플한 디자인의 9cm 블랙 소가죽 펌프스. 평생 신어도 질리지 않고 어떤 옷에든 잘 어울린다.

7. 나만의 슈즈 쇼핑 스토어
개성 있는 디자이너 셀렉트 숍을 좋아한다. 명동 눈스퀘어의 레벨 5와 강남 신세계 백화점의 디자이너 슈즈 멀티숍에는 독특한 제품이 많다. 합리적인 가격대의 제품이 많은 아웃렛 매장도 자주 찾는다. 시즌 오프 상품이지만 잘 살펴보면 유행을 타지 않는 아이템을 발견할 수 있다. 도산공원 근처의 블러스 매장은 도시 외곽의 아웃렛까지 갈 시간이 없을 때 종종 들르는 곳이다.

8. 슈즈를 돋보이게 하는 소품
슈즈를 돋보이게 하는 가장 강력한 소품은 애티튜드이다. 슈즈를 대하는 미묘한 태도

> 심플한 베이식 슈즈를 다양한 스타일의 옷과 매치하면 하나의 슈즈로 다양한 스타일을 연출할 수 있다. "

의 차이가 세련된 스타일을 완성한다.

9. 좋아하는 슈즈 아이콘

마틴 마르지엘라를 필두로 개성 있는 디자인을 추구하는 디자이너를 좋아한다.

10. 나만의 슈즈 보관법

슈즈를 종류별로 분류해서 박스에 보관한다. 간단한 도식화나 폴라로이드 사진을 박스 옆면에 붙여 놓으면 일일이 열어 보지 않아도 찾기 쉽다. 눈이나 비가 와서 슈즈에 물이 스며들었다면 습기를 닦아 내고 가죽 크림을 바른다.

김고은, 유병선 디자이너의 슈즈. 남성성과 여성성이 공존하는 개성 있는 디자인을 추구한다.

슈즈를 돋보이게 하는 삭스 디자이너
김종아 삭스얼리유얼즈 대표

삭스얼리유얼즈는 '슈즈에 삭스를 매치하는 건 촌스럽다.'라는 편견을 깨고 런칭 2
개월 만에 수많은 편집숍에 입점하는 저력을 보이며 여성들의 잇 삭스로 떠오른 브
랜드이다. 슈즈 없이 못사는, 슈즈로 차별화된 스타일을 연출할줄 아는 김종아 대표
의 슈즈 스타일링 노하우를 들어 보자.

1. 나에게 슈즈란?
격식이다. 때와 장소에 맞춰 슈즈를 신으면 적당한 긴장감과 세련된 분위기를 연출할
수 있다.

2. 좋은 슈즈의 조건
편안한 착용감과 디자인. 이 두 가지 요소를 만족시키기 위해서는 슈즈의 기본 틀인 라
스트의 형태가 중요하다. 신었을 때 느낌이 좋은 브랜드는 내 발에 맞기 때문에 다시
찾게 된다.

3. 나만의 슈즈 스타일링 노하우
슈즈에 어울리는 삭스를 신고 바지 밑단을 살짝 접어 올린다. 밑단을 살짝 삐뚤게 접어
야 캐주얼하면서도 시크해 보인다. 무채색 계열의 옷에 슈즈와 삭스로 포인트를 주
면 세련되게 연출할 수 있다.

4. 화려한 슈즈를 노멀하게 신는 법 VS 심플한 슈즈를 튀게 신는 법
심심한 옷차림에는 화려한 컬러의 슈즈로 포인트를 주면 생동감 있어 보인다. 심플한
슈즈나 톤 다운된 삭스를 선택했다면 벨트를 활용한다. 슈즈와 벨트의 색을 맞추면 전
체적으로 통일감이 느껴져 스타일리시해 보인다.

5. 최악의 슈즈 스타일링
날렵한 스키니 진에 앞코가 뾰족한 정장 슈즈를 신는 것.

6. 나의 머스트 해브 슈즈
골든 구스의 스니커즈. 착용감이 뛰어나서 평생 신을 수 있을 것 같다. 예전에는 명품
이나 한정판 제품이 특별해 보였는데, 요즘에는 로맨틱 무브의 네이비 옥스퍼드같이
편안해서 자꾸 신고 싶어지는 슈즈에 애착이 간다.

김종아 디자이너가 아끼는 슈즈.
착용감이 우수한 옥스퍼드와
빈티지한 스니커즈.

7. 나만의 쇼핑 스토어

개인적으로 친분 있는 디자이너에게 하나뿐인 샘플이나 한정 제품들을 구매하곤 한
다. 감각적인 제품이라면 여성복도 마다하지 않는 편이다. 최형욱 디자이너의 벤자
민 카뎃을 가끔 애용한다.

8. 슈즈를 돋보이게 하는 소품

단연 삭스이다. 때로는 포인트 아이템으로, 때로는 스타일 종결자로 쓰임새가 다양
하다.

9. 좋아하는 슈즈 아이콘

착용감은 편하고 디자인은 독창적이면서도 대중적인 레페토의 슈즈.

10. 슈즈 보관법

슈즈의 변형을 막고 습기가 차서 냄새 나는 것을 방지하기 위해 슈 트리를 이용한다.
슈 트리가 없다면 신문지를 뭉쳐서 넣어도 좋다. 슈즈에서 발 냄새가 심하게 난다면
녹차 티백과 원두커피 찌꺼기를 넣은 천 주머니, 십 원짜리 동전 몇 개, 백반 조각을
넣어 둔다. 냄새 제거 스프레이를 뿌려도 좋다.

66 심심한 옷차림에는 화려한 컬러 슈즈로
포인트를 주면 생동감 있어 보인다.
심플한 슈즈나 톤 다운된 삭스를 선택했다면
벨트를 활용한다. **99**

PART 1

평범한 옷차림에도 미친 존재감을 드러내는 셀러브리티,
옷 잘 입기로 소문난 스트리트 블로거들에게는
그들만의 스타일을 완성하는 잇 슈즈와 매혹적인
슈즈 브랜드가 있다.
**2% 다른 슈즈 코디네이션을 완성할 수 있는
잇 슈즈와 세대를 아울러 추앙받는 슈즈 브랜드를 소개한다.**

러브 잇
슈즈 아이템

Must Have Shoes

백 개의 킬 힐과도 바꿀 수 없는 10켤레의 잇 슈즈

패셔니스타로 거듭나고 싶다면 신발장부터 점검하라.
비슷비슷한 슈즈만 가득하거나 콘셉트 없이 가짓수만 많은 슈즈를
가진 사람은 절대 스타일리시하게 연출할 수 없다.
다양한 연출이 가능하고 유행을 타지 않아 활용도가 높은
10켤레의 잇 슈즈는 따로 있다.
잇 슈즈는 당신의 스타일을 때로는 담백하게, 때로는 입안에서
정신없이 터지는 톡톡 캔디처럼 강렬하게 변신시킬 수 있다.

머스트 해브 아이템
블랙 하이힐 펌프스

©asos

블랙 하이힐 펌프스는 블랙 리틀 드레스와 더불어 비즈니스 미팅에서 장례식까지 아우르는, 또한 클래식 룩에서 캐주얼룩에 이르기까지 모든 상황에 적용 가능한 베이식 구두 넘버 원이다. 일생 동안 단 한 켤레의 슈즈만을 선택해야 한다면 블랙 하이힐 펌프스를 사수하라.

classic
Style

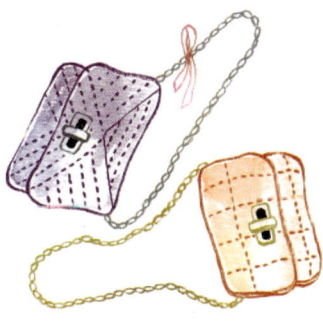

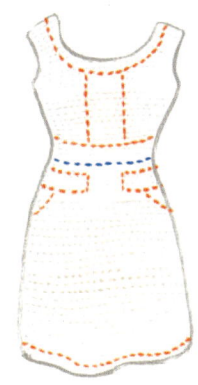

패션 피플들이 추천하는
누드 톤 펌프스

©ELCANTO

누드 톤 펌프스는 패션 피플 사이에서 'New Black'으로 떠오른 잇 슈즈이다. 스킨 톤과 비슷해서 다리부터 발끝까지 시선이 이어져 노출이 없어도 섹시해 보인다. 무난하고 클래식해서 어떤 컬러의 옷과도 잘 어울리며, 시크하고 모던한 느낌의 아이템이다.

neutral chic

024

3

멀티 플레이가 가능한
플랫 슈즈

©repetto

발레 플랫 슈즈는 캐주얼룩, 비즈니스 룩 등 다양한
스타일에 활용할 수 있는 슈즈계의 멀티 플레이어이
다. 데님 팬츠와 매치하면 캐주얼하게, 수트에 코디
하면 우아하게 연출할 수 있다. 착용감도 편안하다.

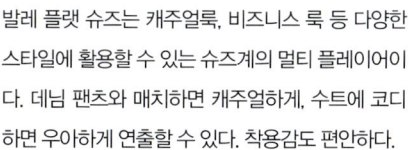

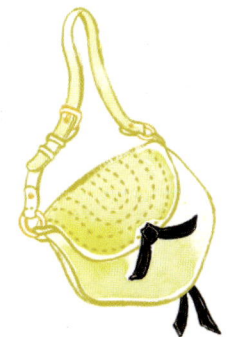

4

이지 캐주얼 스타일
에브리데이 슈즈

©Dr Martens

에브리데이 슈즈의 첫 번째 조건은 편안한 착용감이
다. 로퍼처럼 굽이 낮고 신기 편한 디자인을 선택하
면 오랫동안 질리지 않고 신을 수 있다.

eVeryday Cool

스타일과 편안함을 갖춘
스니커즈

@Tretorn

스포티한 멋과 기능을 갖춘 스니커즈는 자갈밭이나 모래사장 등 어디에서나 뛰고 굴러도 끄떡 없는 아이템이다. 데님 진, 티셔츠에 스니커즈만 신어도 스타일리시해 보인다.

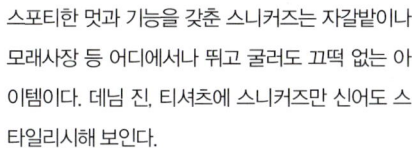

fancy
Sneakers

포인트 스타일링을 위한
이브닝 슈즈

©Rene Caovilla by La Collection

과감한 장식과 메탈릭 컬러로 무장한 이브닝 슈즈는
특별한 날을 더욱 빛내 준다. 화려한 드레스에 매치
하면 파티 퀸으로 등극할 수 있다.

시원하고 스타일리시한 여름 아이템
샌들

©Edmundo Castillo by ELBON the style BLACK

여름을 대표하는 구두는 바로 샌들이다. 샌들을 8부
길이의 카프리 팬츠, 캐주얼한 쇼트 팬츠, 어깨와 등
을 드러낸 선드레스 등 여름 패션 아이템과 매치하
면 멋진 핫 서머 룩이 완성된다.

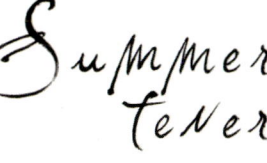

SuMMer
tener

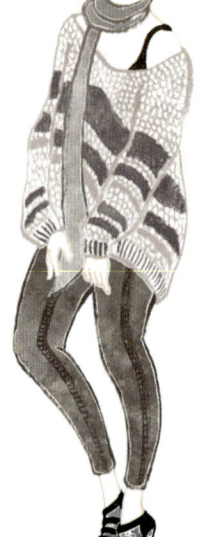

8

©Manolo Blahnik

간절기 아이템으로 손꼽히는 부티는 도도한 멋이 있는 슈즈이다. 레깅스나 스타킹에 부티를 신으면 가는 발목선과 하체의 섹시한 실루엣이 부티의 멋스러운 디자인과 만나 시크해 보인다.

fashionista!

9

따뜻한 겨울을 책임지는
롱부츠

©ELCANTO

롱부츠는 캐주얼한 스키니 진에도, 정장풍의 스커트
에도 무리 없이 어울린다. 발목에 심플한 벨트 장식
이 있으면 모던한 느낌을 더할 수 있다.

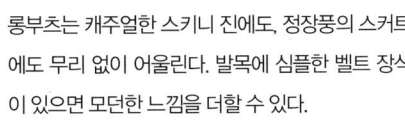

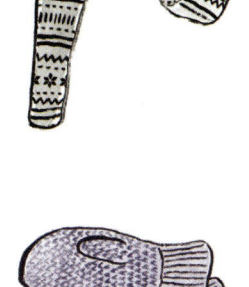

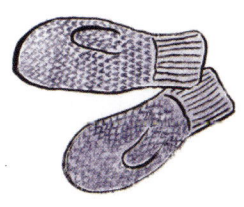

Winter cold

10

방수와 스타일을 함께 갖춘
레인 부츠

©COLORS OF CALIFORNIA

레인 부츠가 있다면 여름철 록 페스티벌의 진흙탕
도, 겨울철 갑자기 내린 폭설도 문제없다. 타이트한
레깅스에 박시한 상의를 매치하면 장마철에도 시크
하게 연출할 수 있다.

wet wet wet

슈즈가 전하는 메시지를 신는 것, 슈즈라는 날개를 다는 것.
발에 꿈을 신는 것. 이것은 곧 꿈을 현실로 바꾸는 행위다.

_로저 비비에르

World's *Favorite* Designer

드림 슈즈를
만드는 세기의 거장

슈즈 디자이너는 발 위의 환상을 창조하는 예술가이다. 디자인과 인체 공학을 결합시켜 추상적인 아이디어를 직접 보고 만지고 느낄 수 있는 현실로 탈바꿈시킨다. 이렇게 탄생한 슈즈는 세이렌처럼 사람들의 마음을 사로잡는다. 발에 바치는 이 매혹적인 오마주는 디자이너의 자아이자 분신이다.

그로그램 리본이 달린 바리나

Salvatore Ferragamo
살바토레 페라가모

이탈리아의 슈즈 디자이너
1898년 6월 5일 출생
1960년 8월 7일 사망

살바토레 페라가모와 오드리 헵번

살바토레 페라가모와 슈즈 틀

꿈꾸는 구두장이 살바토레 페라가모는 구두 역사에 큰 획을 그은 디자이너이다. 환상적인 디자인을 선보이면서도 편안한 착용감을 포기하지 않았다. 나일론을 이용한 인비저블 슈즈, 코르크로 만든 플랫폼 슈즈, 영화 〈오즈의 마법사〉에서 도로시가 신은 빨간 루비 슈즈는 페라가모의 창의적인 발상을 엿볼 수 있는 상징적인 발명품이다.

'바라'는 살바토레 페라가모의 대표적인 슈즈로 다양한 연령대의 여성들에게 사랑받는다. 앞코가 둥글고 굽이 낮아 스포티한 동시에 우아하다. 각기 다른 컬러와 소재로 만들어져 1978년 제작된 이래 지금까지 100만 켤레가 넘게 판매되었다. 바라의 특징은 앞코에 달린 그로그램 리본과 브랜드의 로고가 찍힌 메탈 장식이다. '바리나'는 오리지널 바라를 현대적으로 재해석해서 전개하고 있는 라인이다.

페라가모 구두를 사랑한 유명 인사는 일일이 나열하기 어려울 정도로 많다. 오드리 헵번은 살바토레 페라가모가 그녀의 이름을 딴 발레리나 슈즈를 제작할 만큼 열렬한 고객이었으며, 그레타 가르보는 한 번에 70켤레의 구두를 주문했다. 안젤리나 졸리, 에바 롱고리아, 힐러리 스웽크 등 많은 할리우드 스타가 첫 제품이 출시된 지 80년이 지난 지금까지도 전폭적인 지지를 보낸다. 세상에서 가장 아름다운 슈즈를 만들겠다던 장인의 꿈은 세대를 이어 여전히 현재 진행형이다.
www.ferragamo.com

영화 〈섹스 앤 더 시티〉의
청혼 장면에 나온 한기시 펌프스

Manolo Blahnik
마놀로 블라닉

스페인 출생 미국의 슈즈 디자이너
1942년 11월 28일 출생

영화 〈섹스 앤 더 시티〉에서
마놀로 블라닉을 신은 캐리

슈어 홀릭 신드롬의 중심, 마놀로 블라닉은 드라마 〈섹스 앤 더
시티〉의 다섯 번째 멤버이자 슈어 홀릭 신드롬을 탄생시킨 주인
공이다. 스케치부터 굽을 깎는 작업까지 직접 해 내는 완벽 주의
자로 알려져 있다. 편안한 착용감과 여성스러운 세련미를 지닌
마놀로 블라닉의 슈즈는 섬세한 기술과 디자이너의 높은 안목
이 만들어 낸 결과물이다. 마놀로 블라닉 슈즈를 신어 보면 〈섹
스 앤 더 시티〉에서 왜 캐리가 노상강도에게 다른 건 다 가져가
도 마놀로 블라닉만은 안 된다고 절규했는지 이해할 수 있다.
캄파리 슈즈는 롤리타 콤플렉스를 자극하는 마놀로 블라닉의
스테디셀러로 유명하다. 앞코가 둥글고 발등을 가로지르는 끈
이 달린 메리 제인 슈즈를 날렵한 앞코와 높은 굽으로 섹시하게
재탄생시킨 모델로 정숙하고 관능적인 디자인이 특징이다.
최근에 사랑받는 마놀로 블라닉의 슈즈는 드라마의 성공에 힘
입어 출시된 영화 〈섹시 앤 더 시티〉에서 빅이 캐리에게 프로포
즈 선물로 준 한기시 펌프스이다. 실크 소재 특유의 은은한 광택
과 반짝이는 주얼리 장식은 로맨틱한 청혼을 꿈꾸는 여자의 심
리를 정확하게 대변한다.
영화 〈섹시 앤 더 시티〉 캐리로 열연한 사라 제시카 파커를 비롯
해 카일리 미노그와 마돈나, 제니퍼 애니스톤 등 많은 셀러브리
티들가 마놀로 블라닉의 충성 고객이다. 특히 마돈나는 섹스보
다 마놀로 블라닉의 구두가 더 좋다는 파격적인 발언으로 슈어
홀릭들의 공감을 이끌어 냈다.
www.manoloblahnik.com

선명한 레드 솔이 특징인 블랙 하이힐

Christian Louboutin
크리스찬 루부탱

프랑스의 슈즈 디자이너
1963년 1월 7일 출생

크리스찬 루부탱이 마니아인 케이트 모스

섹시한 레드 솔의 창시자 크리스찬 루부탱은 슈즈에 매혹적인 섹슈얼리티를 반영하는 것으로 유명하다. 과감한 컬러, 소재에 대비되는 정교한 장식과 가는 굽을 통해 우아하고 관능적인 슈즈를 만들어 낸다. 여기에 가벼운 착용감까지 갖춰 여자라면 누구나 탐내는 환상의 슈즈 디자이너로 등극했다.

크리스찬 루부탱의 트레이드 마크는 선명한 레드 솔(신발의 밑바닥 창)이다. 하이힐을 신은 여성의 섹시한 뒤태는 은밀한 성욕을 상징하는데, 빨간 밑창은 남자들에게 초록불과 같다. 루부탱의 구두가 'Follow me shoes'라 불리는 이유는 바로 이 때문이다.

셀러브리티들이 레드 카펫이나 일상에서 파파라치들에게 찍힌 사진을 보면 스타들의 루부탱 사랑을 실감할 수 있다. 특히 모나코의 캐롤라인 공주와 패션 디자이너 다이앤 본 폰스틴버그, 팝 스타 그웬 스테파니, 모델 케이트 모스는 크리스찬 루부탱의 충성스러운 고객으로 손꼽힌다. 크리스티나 아길레라는 모든 옷에 레드 솔을 매치하는 루부탱 마니아이고, 제니퍼 로페즈는 2009년 'Louboutin'이라는 곡을 발표해 크리스찬 루부탱에 대한 무한한 애정을 드러내기도 했다.

www.christianlouboutin.com

파격적인 크리스찬 루부탱의 광고

로저 비비에르의 대표 모델인
필그림 펌프스

Roger Vivier
로저 비비에르

프랑스의 슈즈 디자이너
1913년 11월 13일 출생
1998년 10월 2일 사망

필그림 펌프스를 신은 기네스펠트로

로저 비비에르는 20세기의 가장 혁신적인 구두 디자이너로 불린다. 1950년대에 엘리자베스 여왕 2세의 대관식 슈즈를 제작했고 크리스찬 디올의 디자이너로 활동했다. 과거의 패션과 신기술을 결합해 클래식과 아방가르드를 공존시키는 명장이다. 실크, 진주, 비즈, 레이스, 보석 등의 호화로운 소재와 플라스틱, 신축성 있는 패브릭 등의 신소재를 사용해 실험적인 슈즈를 선보였다. 스틸레토 힐과 싸이하이 부츠를 최초로 제작해 섹시함의 새로운 기준을 제시하기도 했다.

로저 비비에르의 가장 상징적인 슈즈는 사각 버클이 포인트인 필그림 펌프스이다. 모던한 스퀘어 토와 로힐이 절묘하게 매치된 필그림 펌프스는 우아하고 세련된 분위기를 낸다. 프랑스 여배우 카트린느 드뇌브가 영화 〈벨 드 주르〉에서 착용한 후 수많은 이미테이션이 만들어질 만큼 큰 인기를 끌었다.

로저 비비에르의 슈즈는 패션 피플들의 로망이기도 하다. 1950년대를 대표하는 여배우 에바 가드너와 전설적인 록 그룹 비틀즈, 배우 기네스 펠트로, 《하퍼스 바자》를 이끌었던 패션 에디터 다이애나 브릴랜드 등 수많은 셀러브리티에게 사랑을 받았다.

www.rogervivier.com

로저 비비에르의 슈즈 드로잉

니콜라스 커크우드의
레이스 업 플랫폼 샌들

Nicholas Kirkwood
니콜라스 커크우드

독일 출생 영국의 슈즈 디자이너
1980년 7월 10일 출생

니콜라스 커크우드의 슈즈 스케 치

니콜라스 커크우드의 슈즈는 미래 지향적인 느낌이 강하다. 이 질적인 요소를 믹스매치함으로써 조형미가 돋보인다. 건축물을 연상케 하는 구조적인 굽은 니콜라스 커크우드의 시그니처이다. 여기에 리듬감이 느껴지는 패턴이 더해져 다리 라인을 한층 돋보이게 한다. 다이내믹한 컬러, 야성미 넘치는 특피 소재, 레이저 커팅과 핸드 프린팅 기법은 공격적이면서도 우아하다.

니콜라스 커크우드는 고스트, 존 로카, 폴리니, 에르뎀, 로다테 등 젊은 디자이너들과의 협업을 통해 매번 파격적인 컬렉션을 선보이기도 한다. 영국 패션 액세서리 어워드를 비롯한 각종 패션 디자인 시상식을 휩쓸며 슈즈 업계의 떠오르는 황태자로 승승장구 중이다. 새로움을 추구하는 패셔니스타들은 이런 니콜라스 커크우드의 실험 정신을 높이 평가한다. 공식석상에 선 셀러브리티들의 발끝에서 빛나는 그의 구두는 언제나 눈길을 끈다. 영국의 잇 걸 알렉사 청, 섹시 디바 비욘세, 슈퍼 모델 미랜다 커, 팝 스타 리한나 등이 니콜라스 커크우드의 마니아이다.

www.nicholaskirkwood.com

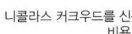

니콜라스 커크우드를 신은
비욘세

PART 2

스타일에 맞는 슈즈를 고르기 위해서는 베이식 슈즈의
종류와 특징을 알아야 한다. 그래야 어떤 옷에 어떤 슈즈를
매치해야 하는지, 어떤 특별한 분위기를 내고 싶을 때
어떤 슈즈를 골라야 하는지 알 수 있다.
각각의 슈즈가 지닌 특징을 제대로 꿰고 있다면
어떤 룩과 매치해도 멋지게 연출할 수 있다.

올 어바웃
슈즈 스타일

01*
Pumps
Style

발등의 굴곡을 살려 주는
펌프스 스타일

©Salvatore Ferragamo

펌프스는 앞코 부분이 낮게 패어 발등을 덮지 않고 뒤축이 막힌 스타일의 슈즈이다. 전체적으로 발을 감싸 여성스럽다. 앞코가 둥글고 굽이 낮을수록 귀엽고 캐주얼하며, 앞코가 뾰족하고 굽이 높을수록 성숙하고 우아하다. 슈즈의 입구 부분인 톱 라인^{top line}이 깊이 팬 디자인은 발가락 골이 살짝 노출되어 섹시한 분위기가 강조된다.

화려한 색의 펌프스로 시선을 모으고 싶다면 전체적인 스타일을 고려해 옷을 무난하게 연출한다. 반대로 튀는 옷에는 톤 다운된 차분한 컬러의 펌프스를 선택한다. 같은 컬러 내에서 명도와 채도가 차이 나는 아이템을 매치하는 톤 온 톤 tone on tone 코디법은 통일성을 주면서도 단조롭지 않아 보인다.

펌프스를 활용해 세련되게 연출하고 싶다면 무채색의 모노톤을 활용하고, 산뜻함을 더하고 싶다면 비비드 컬러 슈즈를 신는다. 짧은 하의에 심플한 베이지 펌프스를 신으면 다리 라인이 발끝까지 하나로 이어져 늘씬해 보인다.

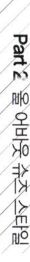

©Chiara Ferragni

©velvet

Flats

플랫 슈즈

굽이 매우 낮거나 없는 슈즈. 착용감이 좋고 다양한 스타일의 룩에 어울리는 실용적인 아이템이다. 대부분의 옷과 잘 어울리지만 밑단이 종아리 중간에 오는 스커트나 땅에 끌릴 정도로 긴 팬츠에 신으면 다리가 짧아 보이므로 피한다.

©Jil Sander by Darling You

Low Heels

로힐 펌프스

굽이 6cm 이하인 슈즈. 활동성이 높아 데이 웨어에 매치하기 좋고 여성스럽고 우아해서 이브닝용으로도 적합하다. 단아한 A 라인 드레스는 로힐의 장점을 잘 살려 주면서 체형 결점을 보완해 주므로 누구나 쉽고 세련되게 연출할 수 있다.

©repetto

©Manolo Blahnik

Mid Heels

미드 힐 펌프스

6cm 이상, 8.5cm 이하의 굽이 달린 슈즈. 미드 힐의 굽은 다리 라인을 가장 아름답게 보이게 하는 높이이다. 미드 힐을 신을 때는 각선미를 드러낸 여성스러운 아이템을 선택한다. 치마처럼 퍼지는 큐롯(Culotte) 팬츠에 프릴이 달린 블라우스를 입고 미드 힐 펌프스를 신으면 로맨틱 페미닌 룩을 완성할 수 있다.

슈즈의 분위기를 좌우하는

Heel Style

힐 스타일

굽은 슈즈의 옆과 뒷모습을 좌우하는 중요한 부분이다. 굽의 높이와 모양에 따라 달라지는 굽의 명칭을 알아 두면 패션 센스가 느껴지는 감각적인 스타일링이 가능하다.

로힐 — Low Heel

플랫 힐 Flat Heel
학생화나 캐주얼화에 많이 쓰이는 1~3cm 정도의 평평한 힐.

더치 힐 Dutch Heel
여성스러운 높은 힐을 축소한듯한 귀여운 디자인의 힐.

미드 힐 — Mid Heel

루이스 힐 Louis Heel
위쪽과 아래쪽은 통통하고 중간 부분은 얇은 힐.

콘티넨탈 힐 Continental Heel
굽 안쪽 윗부분이 구두의 중심으로 약간 나와 있는 넓은 면적의 힐.

쿠반 힐 Cuban Heel
굽 안쪽이 일직선으로 떨어지는 넓은 면적의 힐

하이힐 — High Heel

스틸레토 힐 Stiletto Heel
굽 높이가 2~20cm 이지만 땅에 닿는 굽의 지름은 1cm를 넘지 않는 하이힐, '송곳 모양의 단검'이라는 뜻의 이탈리아어에서 유래.

프렌치 힐 French Heel
굽의 바깥쪽은 루이스 힐의 모습과 비슷하지만 굽의 안쪽이 더 길게 나온 하이힐.

키튼 힐 Kitten Heel
스틸레토 힐 중 5cm 이하의 짧고 가는 힐, 키튼힐의 디자이니 지닌 성적매력 때문에 굽은 낮지만 하이힐로 분류.

High Heels

하이힐

8.5cm 이상의 굽이 달린 슈즈. 늘씬한 실루엣과 섹시한 S 라인을 선사한다. 허리와 엉덩이를 강조한 타이트한 펜슬 스커트처럼 여성의 성적 매력을 드러내는 옷차림과 잘 어울린다.

플라워 프린팅 쇼트 팬츠와 파스텔 컬러 재킷과 같은 세미 캐주얼 웨어에 밝은 컬러의 하이힐 펌프스를 신으면 젊고 화사한 분위기를 연출할 수 있다.

ⓒChristian Louboutin by Boon the Shop

Wedge Heels

웨지 힐

쐐기형의 굽이 밑창까지 이어진 달린 슈즈. 착용감이 좋고 안정적이어서 굽이 높아도 걷기 편하다. 투박하면서도 모던한 느낌이 나므로 스키니 진과 심플한 셔츠를 매치한 활동적인 시티 캐주얼룩과 잘 어울린다.

©asos

높게, 더 높게

Platform

플랫폼 슈즈

플랫폼 슈즈는 구두 바닥에 두꺼운 밑창이 달린 신발이다. 굽이 높아도 바닥에 닿는 면적이 넓어서 발이 편할 뿐만 아니라 키가 작거나 하체가 짧은 체형을 늘씬하게 변신시킨다.

굽이 높고 장식이 화려할수록 1970, 80년대를 연상시키는 복고적인 느낌이 강하다. 최근에는 미니멀한 커팅이 돋보이는 세련된 디자인이 많다.

©asos

©asos

©Opening Ceremony by Darling You

©Byeuuns

©parisx3.blogspot.com

©Chiara Ferragni

컬러풀한 원피스에는 심플한 플랫폼 웨지 힐 슈즈를 매치해 세련되게 연출한다.

플랫폼 슈즈와 화이트 팬츠를 매치하면 빈티지 스타일이 완성된다. 톱이 넓은 데님 진, 꽃무늬 스커트와 매치하면 발가벗 히피 룩을 연출할 수 있다.

Toe Open Pumps

토 오픈 펌프스

앞코 부분이 트인 슈즈. 발가락을 살짝 노출해 발 전체의 실루엣이 한결 예뻐 보인다. 다양한 옷과 매치할 수 있어 데일리는 물론 이브닝과 웨딩 슈즈로도 인기가 높다. 단, 격식 있는 자리에서 발가락을 노출하는 것은 실례이므로 피한다.

Side Open Pumps

사이드 오픈 펌프스

옆면이 트인 슈즈. 한 쪽 면이 비대칭으로 오픈되어 모던한 느낌을 준다. 통이 좁은 시가렛 팬츠(cigarette pants)에 신으면 도회적인 세련미가 돋보인다.

©Christian Louboutin by Boon the Shop

©Christian Louboutin

Separated
Pumps

세퍼레이티드 펌프스

옆면이 완전히 트여 앞, 뒷부분이 나뉘어진 슈즈. 발의 양쪽 면을 시원하게 노출해 과감하고 캐주얼하다. 포멀한 정장에 세퍼레이티드 펌프스를 신으면 비즈니스 캐주얼룩으로 변신할 수 있다.

©Manolo Blahnik

보일 듯 말 듯한 매력

Top Line
아찔한 톱 라인의 매력

입구가 깊게 팬 슈즈 사이로 드러난 발가락 골은 드레스 사이로 보이는 아찔한 가슴 곡선과 같다. 다만 발등을 심하게 드러내는 짧거나 우그러진 앞코는 너무 과하다. 섹시한 발가락 골은 두 개면 충분하다는 사실을 기억하자.

©Chiara Ferragni

컬러나 발에 톨레 플랫 슈즈라도
발가락 골이 살짝 보이는 디자
인은 섹슈얼한 매력이 느껴진다.

톱 라인이 섹시한 컬 컬 펌프스는
관능적인 봄의기를 연출할 수 있는
잇아이템이다.

02*

Strap Style
Shoes

섹시한 끈의 연출
스트랩 스타일 슈즈

끈이 달린 스트랩 스타일의 슈즈는 끈의 위치와 굵기에 따라 느낌이 달라진다. 대개 끈이 굵을수록 편하고 활동적이며, 가늘수록 여성스럽고 섹시하다. 발의 대부분을 드러내 단점이 부각되기 쉬우므로 체형에 맞는 디자인을 선택하는 게 관건이다.

ⒸDolce Vita

원색의 스트랩 슈즈는 강렬하고 상큼하다. 머리부터 발끝까지 모든 아이템을 한 가지 색으로 통일해도 발이 노출되는 부분이 많아 답답해 보이지 않는다. 화사한 분위기를 원한다면 옷차림과 대비되는 색의 스트랩 슈즈를 선택한다. 무난한 의상을 입을 때는 트렌디한 글래디에이터 샌들로 포인트를 준다. 시원하게 스타일링하려면 파스텔 톤을, 우아하게 튀고 싶다면 메탈 소재를 선택한다. 끈이 발목까지 올라오는 디자인은 다리 라인을 강조해 여성스럽고 섹시해 보인다.

Ankle Strap Shoes

앵클 스트랩 슈즈

끈으로 발목을 묶거나 고정시킨 슈즈. 앵클 스트랩 슈즈는 포인트가 되는 실용적인 아이템으로 발목 스트랩으로 인해 발목이 가늘어 보인다. 주름 스커트와 매치하면 러블리 페미닌 룩에 잘 맞는다. 발등의 포인트 소재와 가보시 힐이 조화된 디자인은 와일드한 멋을 즐길 수 있다.

©ELCANTO

T-Strap Shoes

티 스트랩 슈즈

발등 중앙의 끈이 발목을 지나는 끈과 만나 T자처럼 보이는 슈즈. 수직으로 발등을 가로지르는 끈이 관능적이다. 각선미를 드러내는 미니 드레스나 한쪽 어깨를 드러내는 과감한 원 숄더 드레스와 잘 어울린다. 팬츠와 매치할 때는 끝단과 스트랩이 어정쩡하게 겹쳐지지 않도록 주의한다.

©repetto

Mary
Jane Shoes

메리 제인 슈즈

발등을 가로지르는 끈이 달린 슈즈. 귀여운 매력이 돋
보이는 메리 제인은 넓은 옷깃이 달린 블라우스나 A 라
인 칵테일 드레스와 매치하면 깜찍해 보인다. 오버 니
삭스를 신어 발랄한 스쿨 걸 룩을 시도해도 좋다.

©Salvatore Ferragamo

버스터 브라운의 동생 '메리 제인'

메리 제인은 1902년에 제작된 만화 제목이자 주
인공의 이름이었던 '버스터 브라운'의 여동생이다.
브라운 슈즈 회사는 메리 제인이 만화에서 신었
던 슈즈를 만들어 판매했으며 광고에 사용하기도
했다. 전통적인 메리 제인은 낮은 굽과 둥근 코가
특징인 검정색 가죽 슈즈였다. 주로 어린 소녀들
이 격식 있는 자리에서 귀여운 교복 스타일의 치
마와 함께 신었다. 오늘날에는 다양한 컬러와 디
자인으로 제작되어 모든 연령대의 여성에게 사랑
받고 있다.

Sandal

샌들

발을 감싸는 윗부분이 끈으로 이루어진 슈즈. 발을 노
출하는 면적이 많을수록 발이 길어 보인다. 굽이 낮은
플랫 샌들은 선 드레스, 데님 쇼트 팬츠 같은 캐주얼 데
이 웨어에 어울린다. 이브닝 파티에 하늘하늘한 맥시
드레스에 반짝이는 메탈릭 하이힐 샌들을 신으면 우아
한 이미지를 연출할 수 있다.

Sling Back

슬링 백

발뒤꿈치 부분에 끈이 달리고 뒤축이 뚫린 슈즈. 끈을
조이거나 묶을 필요가 없어 신고 벗기 편하다. 뒤축이
트여 있어서 발이 잘 붓지 않고 날씬해 보인다. 앞코가
막힌 디자인은 여름철에 발가락 노출을 피해야 하는 격
식 있는 자리에서 신기 적합하다.

©Rene Caovilla by La Collection

©Manolo Blahnik

Flip Flop

플립플롭

끈을 엄지발가락과 두 번째 발가락 사이에 끼워 신는 Y
자 모양의 슬리퍼형 샌들. 일명 '쪼리'라고도 불린다. 화
려한 프린트 팬츠, 티셔츠나 통기성이 좋은 코튼 원피
스를 매치하면 여름철 바닷가에 어울리는 마린 룩이 완
성된다.

©tkees by shopbop

 앞코가 막힌 슬리퍼형 슈즈

Mule

뮬

뒤축이 없고 앞부분에만 발을 끼워 신는 슈즈. 발끝으
로만 지탱해서 걸어야 하므로 뒤축이 헐떡대면서 끌
리는 소리가 나기 쉽다.

©SPIRIT BY LUCCHESE

최근에 유행하는 아이템은 청키한 굽과
발등의 대부분을 덮는 나막신의 일종인 클
로그 형태의 뮬이다. 젊은 원피스에 카디건
을 덧입거나 울컬한 팬츠나 반지밴 아우터
를 매치해서 간절기에 적절했던 재주얼룩을
연출해 보자.

03*

Laced Style
Shoes

단단하게 조여 묶는
레이스드 스타일 슈즈

레이스드 스타일 슈즈는 끈을 묶어서 신는 신발이다. 끈을 조여서 가는 허리를 만드는 코르셋처럼 발을 감싸 묶어 발이 작고 날씬해 보인다. 남녀의 구별이 모호한 유니섹스 패션이나 남성적인 매니시 룩에 잘 어울린다. 여성스러운 패션 아이템을 매치하면 중성적인 매력이 느껴지는 독특한 스타일을 연출할 수 있다.

©Cesare Paciotti

레이스드 슈즈는 남성적인 매니시한 매력이 있다. 밑단을 살짝 접은 스키니 진에 레이스드 슈즈를 매치하면 귀여운 톰보이 룩을, 슬림한 팬츠와 포멀한 상의를 매치하면 아이비 스타일을 기본으로 한 캐주얼 스타일인 프레피 룩을 완성할 수 있다.

디자인이 평범하거나 오래 신어 싫증이 났다면 끈을 바꿔 변화를 준다. 알록달록한 끈을 묶으면 톡톡 튀는 상큼함이, 하늘하늘한 시폰 끈을 묶으면 로맨틱한 여성스러움이 느껴진다. 끈을 묶는 방법에 따라서도 분위기가 달라진다.

Oxford Shoes

옥스퍼드 슈즈

클로즈드 레이싱 기법으로 만들어진 슈즈. 끈이 통과하는 부분이 뱀프(발등을 덮는 슈즈의 앞코) 밑에 재봉되어 있다. 매니시한 옥스퍼드 슈즈에 여성스러운 아이템을 더하면 세련된 믹스매치 룩이 완성된다. 스키니 진에 컬러풀한 스웨터를 입거나 드레시한 쇼트 팬츠에 러플이 달린 사랑스러운 블라우스를 매치하는 식이다. 화려한 스카프와 액세서리는 페미닌한 감성을 배가시킨다.

©b-Store by Darling You

Derby

더비

오픈 레이싱 기법으로 만들어진 슈즈. 끈을 묶는 부분이 뱀프 위에 있다. 소재에 따라 어울리는 스타일이 다르다. 블랙 페이턴트 더비는 포멀한 정장 차림에 잘 맞는다. 예로부터 저녁 시간대의 격식 있는 자리에서 착용했다. 컬러풀한 스웨이드 더비는 캐주얼 데이 웨어와 잘 맞는다. 가죽으로 만든 짙은 색 더비는 스타일링하기 쉬운 실용적인 아이템이다. 알록달록한 양말을 활용하면 포인트를 줄 수 있다.

©b-Store by Darling You

Saddle
Shoes

새들 슈즈

앞, 뒤가 말안장 모양으로 디자인된 슈즈. 원래 골프용
으로 제작되었으나 오늘날에는 캐주얼 슈즈로 인기가
높다. 평범한 데일리 룩에서 벗어나 새로운 스타일을 시
도하고 싶다면, 새들을 활용한 1950년대 빈티지 스쿨 걸
룩을 추천한다. 세미 플레어 스커트에 블라우스를 입고
발목 길이의 바비 삭스와 블랙&화이트 콤보 새들 슈즈
를 신는다.

ⒸOnline Clothing Stores

반짝이는 버클이 포인트

Monk

몽크

끈 대신 스트랩과 버클을 이용하여 고정하는 슈즈. 옥
스퍼드 슈즈보다는 캐주얼하고 더비보다는 포멀하다.
젊고 트렌디한 느낌의 세미 정장 룩과 어울린다.

ⒸCesare Paciotti

굽이 낮고 코가 긴 스타일의 몽크 슈즈는 치
노 팬츠, 니트 스웨터 같은 편안한 데일리
웨어에게 잘 어울린다.

Ⓒparis3.blogspot.com

ⒸChiara Ferragni

드레시한 퍼 코트나 러블리한 팬츠에는 코가 가는
하이힐 몽크 슈즈로 세련되게 스타일링한다.

Sneakers

스니커즈

밑창이 고무로 제작된 운동화. 데님 진과 티셔츠는 스니커즈와 찰떡궁합을 자랑하는 대표적인 유니섹스 웨어이다. 데님 쇼트 스커트나 미니 드레스와 매치하면 여성스럽고 발랄한 스타일이, 클래식한 수트 정장과 매치하면 세련된 댄디 룩이 완성된다. 형광색처럼 튀는 컬러와 스팽글, 레오파드 송치처럼 톡특한 소재로 만들어진 스니커즈는 포인트 아이템으로 활용하기 좋다.

Brogue

브로그

작은 구멍을 뚫어 장식한 슈즈. 전통적인 아웃도어 컨트리 슈즈로 과거에는 세미 포멀 룩에 매치했다. 그러나 현대에 들어서는 때와 장소에 구분 없이 신는다. 박시한 드레스 셔츠, 타이트한 스키니 진에 귀여운 코트를 덧입고 브로그를 신으면 사랑스러운 톰보이 룩을 완성한다. 자연스러움을 강조하려면 태닝된 브라운 레더 브로그를, 위트를 더하고 싶다면 굽이나 끈이 컬러풀한 아이템을 활용한다.

©Tretorn

©Cesare Paciotti

요즘 핫한 스타일 노하우

How to Lace Shoes

신발 끈을 개성 있게 묶는 법

평범한 스니커즈도 어떻게 끈을 묶느냐에 따라 화려한 변신이 가능하다.
요즘 뜨는 패션 피플의 끈 묶는 방법을 공개한다.

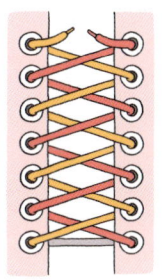 

크리스 크로스 레이싱
Criss Cross Lacing

십자 모양으로 교차하는 크리스 크로스 레이싱은
가장 널리 알려진 보편적인 슈 레이싱 기법이다.
클래식한 옥스퍼드 슈즈부터 캐주얼한 스니커즈
까지 무난하게 어울린다.

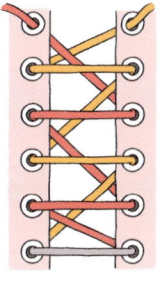 

스트레이트 유로피언 레이싱
Straight European Lacing

스트레이트 유로피언 레이싱은 유럽에서 애용되
는 끈 묶기 방식이다. 평행을 이루는 바깥쪽끈의
심플함과 대각선으로 가로지르는 안쪽 끈의 자유
로운 느낌이 독특한 대조를 이룬다.

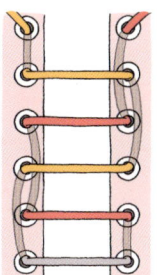 

스트레이트 바 레이싱
Straight Bar Lacing

패션 레이싱이라고도 불리는 스트레이트 바 레이
싱은 안쪽 끈이 보이지 않아 깔끔하고 단정한 느낌
이 든다. 끈이 느슨하게 묶여 발이 편안하다.

소투스 레이싱
Sawtooth Lacing

소투스 레이싱은 가파른 대각선으로 가로지르는
안쪽 끈이 돋보인다. 여기에 수평선인 바깥쪽 끈이
더해져 삐쭉삐쭉한 톱니 모양을 이룬다. 경쾌하고
유니크한 분위기에 어울린다.

04*
Slip-On
Style

바로 신고 바로 벗는
슬립온 스타일

©Marc by Marc Jacbos by La Collection

슬립온 스타일의 슈즈는 발을 고정하는 끈이나 버클, 지퍼가 없어서 착화감이 좋고 신고 벗기가 편하다. 캐주얼 웨어와 매치하면 스타일리시한 휴일 룩이 완성된다. 최근에는 비즈니스 룩과 레저 룩이 혼합된 블레이저 룩의 베스트 매치 아이템으로 주목받고 있다. 자유로운 일상을 꿈꾸는 트렌드세터들이 늘어나면서 슬립온 슈즈의 활용도는 점차 높아지고 있다.

소재가 부드럽고 투박한 느낌이 나는 디자인의 슬립온 슈즈는 통이 넓은 코튼 팬츠나 티셔츠 같은 캐주얼한 옷과 매치하면 편안한 분위기를 연출할 수 있다. 날렵한 스타일의 광택 소재 슬립온 슈즈는 슬림한 팬츠나 버튼 업 셔츠 같은 클래식한 아이템과 잘 맞는다. 의상의 포인트 컬러와 슬립온 슈즈의 색을 통일하거나 레오파드 무늬, 스터드 장식처럼 튀는 요소를 더하면 시크하게 연출할 수 있다.

Moccasin

모카신

발등 부분을 U자형으로 꿰맨 슬립온 슈즈. 아메리칸 인디언의 가죽신에서 유래해 에스닉 무드가 강하다. 모카신의 포인트는 편하고 부드러운 느낌을 주는 스티치와 화려한 비즈, 자수 장식이다. 이런 특징을 살려 플라워 프린팅 스커트나 쇼트 팬츠에 헐렁한 상의를 입고 모카신을 신으면 서정적인 스타일이 완성된다. 이마에 가죽 끈을 두르거나 머리에 깃털 장식 액세서리를 꽂으면 인디언 소녀 같은 깜찍함을 더할 수 있다.

Loafer

로퍼

넓고 낮은 굽이 달린 가장 보편적인 슬립온 슈즈. 로퍼는 착용감이 좋고 디자인도 클래식하여 격식을 갖춰야 하는 자리에 신어도 어색하지 않아 인기가 많다. 활용도가 높은 무난한 디자인을 선호한다면 블랙, 브라운, 와인 컬러를 선택하고, 캐주얼룩에 어울리는 트렌디한 디자인을 찾는다면 원색 또는 파스텔 톤 계열을 선택한다.
로퍼는 밑단이 짧은 크롭 팬츠처럼 발목이 드러나는 의상에 신어야 세련돼 보인다. 팬츠의 기장이 발등을 덮을 정도로 길다면 끝단을 살짝 접어 올린다.

ⓒMinnetonka by shopbop

다양한 로퍼의 종류

Tassel Loafer
태슬 로퍼

술 장식이 달린 로퍼. 격식에서 벗어난 세미 캐주얼룩에 어울린다. 스키니 팬츠와 가죽 재킷을 입고 태슬 로퍼를 신으면 자연스러운 록 시크룩을 연출할 수 있다.
심플한 셔츠 원피스와 코트로 모던하게 스타일링해도 좋다. 시크함을 강조하려면 모노톤 계열의 아이템을 선택한다.

©Chiara Ferragni

Penny Loafer
페니 로퍼

다이아몬드 모양의 좁고 긴 구멍이 있는 로퍼. 아이비 스타일을 기본으로 한 캐주얼 스타일인 프레피 룩에 맞는 아이템이다. 드레시한 쇼트 팬츠와 깔끔한 셔츠로 단정하게 스타일링한다. 다이아몬드 무늬 니트와 스트라이프 패턴 넥타이를 더하거나 니하이 삭스를 신어 깜찍함을 더해도 좋다.

Gucci Loafer
구찌 로퍼

말 재갈 모양의 금속 장식이 달린 로퍼. 캐주얼한 분위기의 비즈니스 룩에는 슬림한 팬츠와 버튼 다운 셔츠에 트렌치 코트나 트위드 재킷을 덧입는다. 데이 룩에는 톡톡 튀는 컬러 감각이 더해진 스타일링을 추천한다. 구찌 로퍼에는 양말을 신기보다 맨발을 드러내는 편이 느긋하고 자연스러워 보인다.

©Salvatore Ferragamo

©london rebel by asos

©jeffery west by asos

05*
Boots
Style

다리를 감싸 안는
부츠 스타일

©Byeuuns

부츠 스타일의 슈즈는 발을 넣는 입구 부분인 톱 라인이 복사뼈보다 높이 있다. 보온성이 좋아 간절기와 겨울철에 애용된다. 앞코가 둥글고 통이 넉넉할수록 캐주얼하고, 앞코가 뾰족하고 통이 타이트할수록 포멀한 느낌이 강하다. 부츠의 디자인에 따라 캐주얼과 드레시함을 넘나드는 다양한 스타일링이 가능하다.

부츠를 고를 때 체형을 고려하면 다리가 날씬
하고 길어 보이게 연출할 수 있다. 가장 쉬운 연
출법은 의상과 부츠의 컬러를 통일하는 것이
다. 시선이 끊기지 않고 하나로 이어져 슬림해
보인다. 모든 체형에 무난하게 어울리는 아이
템은 블랙 롱부츠이다. 적당히 핏되는 심플한
디자인이 활용도가 높다. 다리가 짧아서 고민
이라면 발목에서 시선을 끊는 앵클부츠와 종아
리의 가장 굵은 부분을 덮는 어중간한 길이의
하프 부츠는 피한다. 다리가 굵다면 라인이 일
자로 떨어지는 디자인에, 시각적으로 축소 효
과를 노릴 수 있는 어두운 컬러를 선택한다.

Bootie

부티

복사뼈를 살짝 가리는 부츠. 쌀쌀한 간절기에 활용하기 좋은 트렌디한 아이템이다. 레깅스나 스키니 진에 핏이 넉넉한 티셔츠를 입고 운동화 대신 부티를 신으면 누구나 쉽게 따라 할 수 있는 시크한 캐주얼룩이 완성된다. 부티를 스커트와 매치할 때는 무릎을 덮는 길이보다 허벅지를 노출하는 짧은 기장을 택해야 다리가 길어 보인다. 마이크로 미니스커트와 매치할 때는 레깅스를 받쳐 입어 활동성을 높인다.

©Manolo Blahnik

Ankle Boots

앵클부츠

톱 라인이 발목까지 올라오는 부츠. 베이직한 장식이 있는 앵클부츠는 스타일리시한 페미닌 룩, 시크한 록시크 룩까지 다양한 연출이 가능하다. 앵클부츠와 하의를 비슷한 컬러로 매치하면 다리가 더욱 길어 보인다. 발목이 두껍다면 발목 부분이 넉넉한 스타일의 앵클부츠를 선택하면 다리가 길고 가늘어 보인다.

©ELCANTO

Half Boots

하프 부츠

톱 라인이 종아리 중간에 있는 부츠. 다리가 휘었거나 종아리에 알이 박힌 사람은 맨다리에 매치하기보다는 스키니 진 또는 니삭스를 신어 시선을 분산시키면 다리의 결점을 감출 수 있다. 톱 라인이 사선이거나 V자로 컷팅된 제품이 한결 날씬해 보인다.

ⓒOpening Ceremony by Darling You

슈즈를 돋보이게 하는 절대 조건

Walk in Shoes

올바른 걷기

아무리 예쁜 디자인의 슈즈라도 굽과 밑창이 비대칭적으로 닳아 있으면 센스 없는 여성으로 보인다. 슈즈의 밑창과 굽의 상태는 걸음걸이를 적나라하게 보여 주는 거울과 같다.

1. 잘못된 걷는 습관

슈즈 앞쪽이 빨리 닳는다면 구부정한 자세와 발을 질질 끌며 걷는 습관이 원인이다. 슈즈 밑창과 굽이 안쪽부터 닳는다면 발바닥의 안쪽 아치가 낮은 평발일 가능성이 높다. 슈즈 밑창과 굽의 바깥쪽이 심하게 닳는다면 팔자 걸음으로 기우뚱하게 걷는 습관이 원인이다.

2. 올바른 걸음걸이, 3박자 걷기법

등과 허리, 어깨와 가슴을 쭉 펴고 배는 살짝 집어 넣은 채 턱을 당기고 시선을 멀리 본다. 발꿈치가 먼저 닿게 발을 내딛고 중심을 앞쪽으로 이동한 뒤 발가락 끝으로 땅을 차듯이 걷는다.

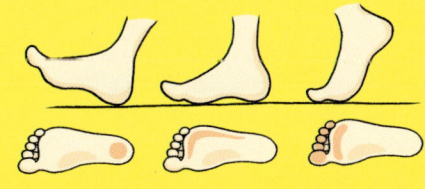

Long Boots
롱부츠

톱 라인이 종아리를 다 덮는 부츠. 보온성이 뛰어나고
다리가 예뻐 보여 겨울철 필수 아이템으로 꼽힌다. 롱
부츠를 신을 때 허벅지를 드러내면 늘씬해 보인다. 엉
덩이를 덮는 박시한 셔츠나 미니 니트 원피스를 입고
롱부츠를 신으면 최근 유행하는 하의 실종 룩을 연출
할 수 있다. 허벅지가 굵다면 몸매가 드러나는 타이트
한 하의 대신 플레어 스커트처럼 루즈한 핏의 옷을 입
는다.

©Salvatore Ferragamo

©Chiara Ferragni

Thigh High Boots

싸이하이 부츠

톱 라인이 허벅지까지 올라오는 부츠. 다리 라인에 초
점을 맞춰 전체적인 실루엣을 고려해 스타일링한다. 크
리놀린 스커트나 케이프처럼 벌키한 아이템과 매치하
면 상대적으로 하체가 가늘어 보인다. 싸이하이 부츠의
매력은 도발적인 섹시함이므로 단정한 H 라인 원피스
나 캐주얼 셔츠 등 대비되는 느낌의 아이템으로 스타일
의 강약을 조절한다.

©Nichola by REVOLVEclothing

Cowboy Boots

카우보이 부츠

카우보이가 승마할 때 신는 웨스턴 스타일의 부츠. 에스닉한 분위기의 보헤미안 룩과 잘 어울린다. 카우보이 부츠에 화려한 프린팅 원피스나 데님 쇼트 팬츠를 입고 커다란 버클 벨트를 두르거나 레이스 베이비 돌 드레스를 입으면 사랑스러운 느낌이 든 다. 쁘띠 스카프와 여러 겹의 뱅글을 활용하면 포인 트를 줄 수 있다.

©PFI Western

Ugg Boots
어그 부츠

호주의 특산물인 양털로 만든 보온성이 뛰어난 부츠. 몸에 달라붙는 레깅스와 긴 니트 스웨터를 매치한 스타일링에 잘 어울리는 겨울철 베스트 아이템이다. 어그 부츠와 캐주얼 데이 웨어를 매치하면 귀엽게 스타일링할 수 있다. 짧은 블루종(blouson) 점퍼와 라이더 재킷을 덧입어 상하의 균형을 맞춘다.

©australia luxe collective by REVOLVEclothing

Wellington
Boots

웰링턴 부츠

방수가 되는 고무 소재의 레인 부츠. 장마철 완소 아이
템으로 데님 쇼트 팬츠, 레깅스, 스키니 진과 캐주얼 원
피스에 잘 어울린다.
톡톡 튀는 상큼한 느낌을 원한다면 오렌지, 핑크 등의
팝 컬러를, 시크하게 스타일링하려면 그레이, 블랙 등
의 모노 톤 계열의 레인 부츠를 추천한다. 겨울에는 양
말을 덧신어 보온성과 스타일을 동시에 챙긴다.

©Tretorn

슈즈의 운명을 바꾸는 작은 습관

How to Care for Shoes

슈즈 관리 방법

슈즈를 좋은 상태로 오래 신기 위해서는 올바른 습관과 꾸준한 관리가 중요하다. 슈즈의 뒤축을 꺾어신거나 발을 질질 끌며 걷지 않도록 주의하고 작은 수선이라도 바로 고치는 것이 좋다.

1. 돌아가며 신어요

매일매일 같은 슈즈를 신으면 땀과 습기 때문에 모양이 변형되기 쉬우며 발 건강에도 좋지 않다. 그러므로 여분의 슈즈를 마련해 2~3일씩 번갈아가며 신는다.

2. 습기는 무서워

습기는 가죽과 천으로 만들어진 슈즈에 치명타다. 물에 젖은 구두는 복구가 어려우므로 신발장 안에 탈습제를 넣어 슈즈를 보관한다.

3. 수선은 제때 제때

슈즈가 망가졌을 때는 바로 고쳐야 손상이 최소화된다. 특히 간과하기 쉬운 뒷굽은 3분의 2 이상 닳기 전에 교체해야 쇳소리가 나지 않는다.

4. 보관은 수납함에

슈즈를 보관할 때는 얇은 종이와 신문지, 또는 슈트리로 형태를 유지한 뒤 통풍이 잘되는 서늘하고 건조한 곳에 둔다. 슈 박스나 슈즈 전용 수납함을 활용하면 한결 깔끔하게 정리할 수 있다.

소재별 관리 방법	천연 가죽	스웨이드	에나멜	실크, 새틴	벨벳	캔버스
	가죽은 열과 습기에 약하므로 구두약을 발라 탈색과 손상을 방지하는 것이 좋다. 우선 먼지와 더러움을 솔로 제거하고 전용 클리너로 깨끗이 닦는다. 구두약을 발라 문지른 뒤 남은 부분은 털어내자. 가죽의 수명을 단축시키는 불광은 자제하고 보드라운 천으로 표면을 문질러 자연스러운 광을 살린다.	스웨이드는 때가 잘 타고 습기에 매우 약해 세심한 관리가 필요하다. 가벼운 얼룩은 지우개나 부드러운 솔을 이용해 결의 반대방향으로 문지른다. 더러움이 심하다면 스웨이드 전용 클리너를 바르고 솔로 쓸어 내린다. 구두약이나 크림은 보드라운 털을 망가뜨리므로 절대 사용해서는 안 된다. 손질이 끝난 후 방수 스프레이를 뿌려 마무리한다.	에나멜은 쉽게 더러워지지 않지만 스크래치와 열에 약하다. 먼지를 닦을 때는 물을 살짝 묻힌 부드러운 천을 사용하고 표면을 손상시키는 거친 솔과 구두약, 아세톤은 멀리한다. 추운 날씨에 오래 노출되면 균열이 갈 수도 있으니 주의한다.	실크와 새틴은 해충과 습기에 약하고 때가 잘 탄다. 가벼운 더러움은 물에 적신 천으로 조심조심 닦아 제거한다. 상태가 심하다면 면봉에 세제 거품이나 에탄올을 묻혀 문지른 뒤 마른 수건으로 물기를 완전히 없앤다. 완전히 건조되면 더스트 백에 넣어 깨끗하게 보관한다.	벨벳에 묻은 먼지와 얼룩은 부드러운 솔이나 스펀지를 이용해 결 방향으로 쓸어준다. 때가 탔더라도 물과 세제, 에탄올의 사용은 자제하고 진공 청소기로 먼지를 빨아들인다.	캔버스 운동화는 40도의 미지근한 물에 세제를 풀어 30분간 담근 뒤 칫솔에 세제를 묻혀 더러움은 제거한다. 말릴 때에는 서늘하고 건조한 그늘에서 말려야 변색되지 않는다.

Lace-up Boots

레이스 업 부츠

4쌍 이상의 구멍에 끈을 통과시켜 묶는 부츠. 날렵한 앞 코와 가는 끈, 높은 굽의 레이스 업 부츠는 여성스러운 분위기를 낸다. 반면 앞코가 투박하고 두꺼운 플랫 힐이 달린 디자인은 터프한 남성미가 느껴진다.

스웨이드 소재 레이스 업 부츠는 몸매를 드러내는 니트 원피스나 시폰 스커트와 매치하면 러블리 페미닌 룩을 완성할 수 있다. 낡은 듯한 그런지 스타일 레이스 업 부츠에는 타이트한 스키니 진과 발목으로 갈수록 통이 좁아지는 조퍼드 팬츠처럼 캐주얼 웨어가 잘 맞는다. 스터드 장식이 달린 거친 가죽 소재 레이스 업 부츠는 터프한 락 시크 룩에 제격이다.

ⓒOpening Ceremony by Darling You

Button-up Boots

버튼 업 부츠

버튼을 채워 신는 부츠. 화려하고 로맨틱한 빅토리안 시대에 크게 유행했다. 프릴이 달린 원피스, 짜임이 귀여운 꽈배기 니트 스웨터와 데님 진 등을 활용해 발랄한 걸리시 룩을 스타일링하기 좋다. 아우터로는 꽃무늬 재킷, 미니 케이프, 여러 개의 버튼이 포인트인 피 코트(pea coat)를 추천한다.

©Ellie Shoes

센스 있는 차별화

How to Choose Shoes

슈즈별 선택 요령

슈즈 선택 요령은 슈즈의 종류에 따라 조금씩 달라진다. 무조건 자신의 발 사이즈에 딱 맞게 신는 게 정답은 아니다. 슈즈 특징에 따라 한 치수 크거나 작게 선택한다.

★펌프스

걸을 때 헐떡거리거나 불편하지 않게 발에 딱 맞는 치수를 선택한다.

★샌들, 슬링백, 뮬

발뒤꿈치가 살짝 튀어나올 정도의 사이즈가 발이 늘씬하고 날렵해 보인다. 뮬을 고를 때는 발등 부분을 충분히 덮어 껄떡거림이 덜한 디자인을 골라야 걸을 때 편안하다.

★레이스드 슈즈

신발 끈이 발을 단단하게 고정해 주므로 반 인치 정도 여유 있게 신어도 좋다. 그러나 끈을 묶는 부분이 겹쳐 우그러지거나 크게 벌어지면 안 된다.

★부츠

부츠는 대개 두꺼운 양말이나 스타킹과 함께 신으므로 한 치수 정도 넉넉한 사이즈를 고른다.

발뒤꿈치가 살짝 튀어나오는 디자인을 고른다.

PART 3

스타일링의 세계에서 성공하고 싶다면 항상
T.P.O.(Time, Place, Occasion)를 고려해야 한다.
아무리 정성껏 차려 입어도 때와 장소, 상황에 맞지 않다면
전혀 스타일리시해 보이지 않기 때문이다.
**'누가, 언제, 어디서, 무엇을, 어떻게, 왜'라는 6하 원칙은
글짓기를 할 때뿐만 아니라 스타일링에도 큰 도움이 된다.**

T.P.O.에
어울리는 슈즈

Season It
Shoes

계절이 바뀔 때마다 주목해야 할
시즌별 잇 슈즈

패션에 관심 있는 사람이라면 여름에는 통기성 좋은 샌들을, 겨울에는
보온성 높은 롱부츠와 어그 부츠를, 환절기에는 펌프스와 토 오픈, 슬링
백 슈즈를 신어야 한다는 것 정도는 안다. 문제는 시즌별 룩에 맞춰 어떻
게 슈즈 코디네이션을 하는가이다. 체형의 결점을 보완하고 계절별 스
타일 감각을 끌어 올려 줄 시즌별 잇 슈즈를 소개한다.

©DIEGO DOLCINI by ELBON the style BLACK

©parisx3.blogspot.com

패션 피플 사이에서 가장 주목받는 플랫폼 스타일의 슈즈는 시즌을 아우르는 잇 아이템이다. 앞쪽에도 굽이 있어서 착용감이 편하고 세련돼 보인다. 여름철 샌들부터 겨울철 부츠에 이르기까지 선택의 폭이 다양하다.

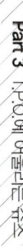

시즌별 슈즈와 토 오픈의 경계에서 찾은
봄, 가을 환절기 슈즈

계절이 바뀌는 환절기에 어떤 슈즈를 신어야 할지 애매하다면 토 오픈 스타일을 활용해 보자. 겨울에서 봄으로 넘어갈 때는 부티 대신 발가락이 살짝 보이는 토 오픈 부티를, 여름에서 가을로 넘어갈 때는 펌프스 대신 발가락이 살짝 보이는 토 오픈 펌프스를 매치하는 식이다.

부티는 스트랩 부티, 토 오픈 부티, 레이스 업 부티 등 종류가 많아서 다채로운 연출이 가능하다. 플레어 스커트, 쇼트 팬츠, 가죽 재킷에 심플한 부티를 매치하면 세련된 데이 룩이 완성된다. 단정한 H 라인 원피스에 우아한 스트랩 부티를 신으면 비즈니스 미팅과 캐주얼 파티에도 손색없는 세미 포멀 룩을 연출할 수 있다.

캐주얼 웨어와 잘 어울리는 스니커즈도 환절기에 자주 애용된다. 드레시한 정장과 스니커즈의 조합은 낯설어 보이지만 함께 매치하면 댄디한 느낌을 살릴 수 있다.

레깅스나 스키니 팬츠와 잘 어울리는 플랫 슈즈도 환절기에 빼놓을 수 없는 아이템 중 하나이다.

BEST SHOES

토 오픈 부티, 스니커즈, 캐주얼 발레 플랫 슈즈

©Laura Ellner

©Chiara Ferragni

©Cesare Paciotti

디테일한 스트랩 사이로
발이 노출되면 날씬해 보인
다.

ⓒma vie en rose

토 오픈 부티를 리넨 팬츠나
꽃무늬 원피스와 매치하면
산뜻하고 시원해 보인다.

플랫 슈즈는 환절기 필수
아이템이다. 앞코가 둥글
고 넉넉한 디자인은 착용
감이 편안하다.

repetto

ⓒrepetto

02

쿨하고 섹시한 시즌 아이템
여름 슈즈

여름은 샌들의 계절이다. 샌들의 종류는 발가락에 끼워 신는 플립플롭, 가죽 끈을 엮어 만든 허라취huarache, 앞코가 트여 슬리퍼처럼 생긴 슬라이드slide 등 스타일, 소재에 따라 다양하다. 최근에는 친환경 소재인 목재, 코르크, 밀짚과 삼베 등을 활용한 자연스러운 느낌의 가벼운 샌들이 뜨고 있다. 꽃무늬 원피스에 짚을 꼬아 만든 에스파드리유espadrille 샌들을 매치하면 산뜻하고 시원한 룩이 연출된다.

샌들의 스타일, 소재를 고려해 옷을 매치한다면 원하는 분위기를 연출할 수 있다. 로마 검투사의 신발에서 응용한 글래디에이터 샌들은 여러 겹의 끈으로 발을 감싸 착화감이 좋고, 강렬하면서도 매혹적인 느낌이 강하다.

가는 끈의 하이힐 샌들을 신축성이 좋은 저지 원피스와 매치하면 세련된 시티 룩이, 굵은 스트랩이 달린 트렌디한 샌들을 가벼운 시폰 롱스커트와 매치하면 시크한 로맨틱 페미닌 룩이 완성된다. 다리가 가늘고 길어 보이고 싶다면 발목까지 올라오는 디자인을 피하고 발등 중간을 가로지르는 세로 스트랩이 있는 스킨 컬러 샌들을 선택해 착시를 노린다.

가죽으로 만든 플립플롭은 꽃무늬 원피스 같은 여성스러운 캐주얼 웨어와 잘 어울린다.

©Gorjana

BEST SHOES
플립플롭, 글래디에이터 샌들, 에스파드리유 웨지 힐 샌들, 하이힐 스트랩 샌들

스터드가 촘촘히 박힌 글래디
에이터 샌들은 핫한 트렌디
아이템이다.

에스파드리유 소재는 가
볍고 통기성이 좋아 여
름철 슈즈로 적합하다.

©Chiara Ferragni

섹시함을 강조하고 싶다면
가는 스트랩이 여러 개 교
차하는 디자인의 샌들을 선
택한다.

©Laura Eliner

©Cesare Paciotti

©ELCANTO

©JIMMY CHOO

촌스럽거나 스타일리시하거나

Socks

삭스

삭스는 길이, 소재, 무늬, 디자인에 따라 분위기
가 달라진다. 패션 피플 사이에서는 촌스럽다는
편견을 깨고 스타일에 완성도를 더하는 아이템
으로 인기가 높다. 삭스야 말로 수많은 패션 아이
템 중 슈즈와 어떻게 스타일링하느냐에 따라서
극과 극의 결과를 내는 패션계의 히든 카드이다.

샌들&삭스

과거에는 삭스를 발끝이 트인 샌들과 신는 것을 워스트 패션으로 여겼다. 그러나 최근에는 샌
들과 삭스의 조합을 오히려 스타일리시한 연출로 평가한다. 샌들에 무늬나 컬러가 독특한 삭
스를 매치하면 개성 있게 연출 할 수 있다. 종아리의 가장 굵은 부분에 삭스의 끝단이 있으면
다리가 두꺼워보일 수 있으므로 주의한다.

©Laura Eliner

니하이 삭스

무릎 밑까지 오는 니하이 삭스는 스쿨 걸 룩의 필
수품이다. 다리가 두껍고 짧아 고민이라면
두껍고 높은 굽이 달린 옥스퍼드 슈즈를 신는다.
무릎 위로 올라오는 오버 니 삭스는 발등에서 허
벅지까지 시선이 이어져 다리가 늘씬해 보인
다. 삭스를 니하이 부츠 위로 살짝 보이게 신거
나 발등이 드러나는 펌프스와 매치해 섹시하
게 연출한다.

앵클 삭스

발목을 감싸는 앵클 삭스의 포인트는 귀여운 느낌이다. 레이스 소재의 앵클 삭스를 메리 제
인 슈즈와 매치하면 사랑스러운 블라디 룩이, 컬러풀한 삭스를 옥스퍼드 슈즈와 매치하면
위트 있는 스타일링이 완성된다. 종아리 중간까지 당겨 신는 것보다 자연스럽게 주름을
잡아 발목보다 약간 올라오게 신어야 예쁘다.

Pedicure

페디큐어

©Chiara Ferragni

샌들을 신은 빌 사이로 보이는 울퉁불퉁한 발톱과 하얗게 일어난 각질은 스타일 지수를 단박에 끌어내린다. 노예의 고단한 발을 연상케 하고 싶지 않다면 페디큐어로 건강한 아름다움을 드러내자.

발과 궁합이 맞는 페디큐어는 발에 생기를 더해 주고 결점을 보완한다. 붉은 톤의 피부에는 오렌지색이나 산호색처럼 선명하고 따뜻한 컬러가, 창백하고 하얀 피부에는 퍼플과 그린 같은 묵직하고 차가운 컬러가 어울린다. 발 모양에 자신이 없다면 시선이 구두로 쏠리도록 채도가 낮은 얌전한 색을 선택한다. 페디큐어를 할 때는 슈즈에 포인트로 쓰인 컬러와 맞춰서 <mark>전체적인 조화</mark>를 꾀한다. 따로 오려 낸 듯한 튀는 색과 일사분란한 깔맞춤은 어색해 보인다.

©Chiara Ferragni

스트랩이 굵은 모던한 느낌의 샌들에 톤 다운된 뉴트럴 톤이나 파스텔 컬러의 페디큐어를 매치하면 시크하고 세련된 분위기가 연출된다. 발랄하고 귀여운 스타일에는 톡톡 튀는 형광이나 비비드 컬러 페디큐어를 추천한다. 블링블링한 글리터 페디큐어는 화려한 이브닝 타임에 제격이다.

★ 누드 톤 샌들

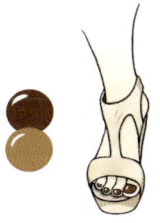

베이지나 아이보리 계열의 샌들은 차분스러운 멋이 매력이다. 밋밋함을 보완하면서 아단스럽지 않게 포인트를 주고 싶다면 펄이 들어간 컬러를 고른다. 골드와 브론즈처럼 무난하면서 은근하게 반짝이는 컬러가 세련돼 보인다.

★ 비비드 컬러 샌들

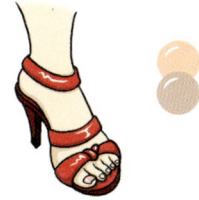

화려한 색감이 돋보이는 샌들과 튀는 페디큐어는 어지러워 보이기 쉽다. 통일감과 균형에 초점을 맞추려면 비슷하거나 같은 톤 가라앉은 컬러를 선택한다. 슈즈 장식과 톤을 맞춰 스타일링해도 같은 효과를 누릴 수 있다.

★ 심플한 블랙 샌들

블랙 샌들은 페디큐어에 따라 다양한 느낌을 낼 수 있다. 모노 톤의 심플함을 원한다면 블랙, 그레이, 화이트로 깔끔하게 연출한다. 섹시함을 원한다면 레드나 와인색처럼 관능적인 컬러를 선택한다. 심플한 블랙 샌들이 왠지 심심해 보인다면 투 발 무늬를 넣거나 큐빅을 올린 페디큐어로 발끝에 포인트를 준다.

★ 상큼한 화이트 샌들

화이트 샌들을 신을 때는 달콤한 캔디 컬러를 선택하면 로맨틱함을 더할 수 있다. 연한 핑크와 민트, 스카이 블루의 부드러운 파스텔 톤은 무난하고 사랑하다. 발이 칙칙해 보이는 화이트 페디큐어는 되도록 멀리한다.

★ 고급스러운 특피 샌들

특피 샌들은 무늬가 돋보여서 섹시하고 이국적이다. 컬러와 디자인 또한 강렬하므로 피부 톤과 비슷한 페디큐어를 발라 스포트라이트를 분산시킨다. 고급스러운 느낌을 강조하려면 발이 실제로 노는 다른 펄톤이나 그레이를 바른다. 비비드한 컬러는 여성적인 관능미를 발산한다.

03

톱 라인에 따라 스타일이 달라지는
겨울 슈즈

겨울철 머스트 해브 슈즈는 부츠이다. 기억해야 할 스타일링 팁은 부츠의 톱 라인과 하의의 헴 라인hem line을 반비례하게 매치해야 한다는 것이다. 예를 들어 부티와 롱스커트는 잘 어울리지만 싸이하이 부츠와 롱스커트를 매치하면 치맛단과 부츠가 겹치는 부분이 많아 매력이 반감된다.

비슷한 예로 앵클부츠와 무릎을 살짝 덮는 펜슬 스커트의 조합은 스타일리시하지만 롱부츠와 펜슬 스커트를 매치하면 다리가 굵고 짧아 보일 수 있다.

부츠의 종류와 상관없이 세련된 캐주얼룩을 완성할 수 있는 완소 아이템은 스키니 진과 레깅스이다. 단을 접어 올리면 보이시한 분위기로, 넣어 입으면 따뜻하고 깔끔해 보인다.

BEST SHOES
롱부츠, 싸이하이 부츠, 루스 핏 앵클부츠

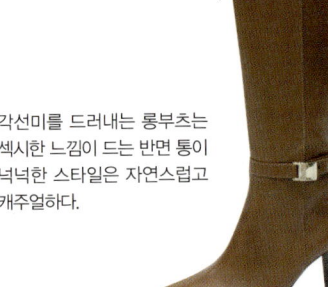

각선미를 드러내는 롱부츠는 섹시한 느낌이 드는 반면 통이 넉넉한 스타일은 자연스럽고 캐주얼하다.

©ELCANTO

거친 소가죽 소재는 터프한 바이커 부츠와 잘 어울린다.

레이스 업 앵클부츠는 팬츠의 두께에 따라 끈으로 발목 부분의 폭을 조절할 수 있어 유용하다.

©Chiara Ferragni

©Rag&Bone by Shopbop

©b-Store by Darling You

Leggings

레깅스

레깅스는 멋과 실용성을 한번에 만족시키는 아이템이다. 착용감이 편하고, 디자인이 다양해서 자유롭게 연출할 수 있다.

레깅스 스타일 법칙

상의를 레깅스 안에 넣어서 엉덩이를 드러내는 민망한 패션은 삼가야 한다. 상의는 상체를 구부렸을 때 최소한 엉덩이의 절반 이상을 덮는 기장이 가장 적당하다. 종아리의 가장 굵은 부분에 밑단이 오면 다리가 두꺼워 보이므로 발목이나 무릎 바로 밑까지 오는 제품을 고른다. 하체가 뚱뚱하다면 화려한 상의로 시선을 분산시키고, 상체가 빈약하다면 넉넉한 오버 사이즈 아이템을 입어 단점을 보완한다.

©parisx3.blogspot.com

레깅스 트렌드

가장 무난하고 활용도가 높은 아이템은 블랙 레깅스이다. 다크 그레이, 네이비, 브라운처럼 컬러가 짙을수록 가늘고 날씬해 보인다. 베이지나 파치 계열의 밝은 컬러를 입을 때는 내복처럼 보일 수 있으니 주의한다. 최근에는 진과 레깅스가 합쳐진 제깅스(Jeggings)와 한 벌로 효과를 내는 치마 레깅스처럼 기발한 아이템이 눈길을 끈다. 레오파트, 기하학적인 프린트, 반짝이, 섹시한 가죽 레깅스 등 선택의 폭이 넓다. 블랙 레깅스에 캐주얼한 부티, 앵클부츠, 스니커즈 등과 매치해 가볍게 연출하거나, 드레시한 펌프스를 매치하면 세미 포멀 룩으로 손색이 없다.

T.P.O.

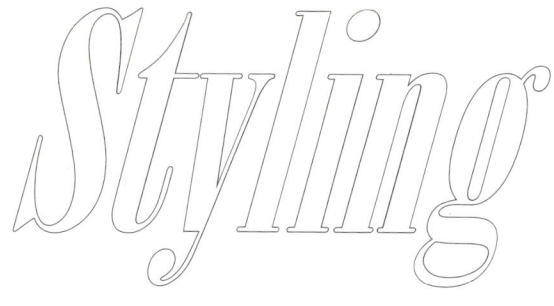

언제 어디서나 주목받는
상황별 슈즈 스타일

구두를 선택할 때는 상황에 맞는 느낌을 먼저 생각한다. 남자 친구와 만날 때는 미드 힐 슈즈나 플랫 슈즈로 사랑스러움을, 클럽 파티에 갈 때는 킬 힐 샌들처럼 튀는 아이템으로 화려함을 드러낸다. 휴일에는 플립플롭과 슬리퍼, 옥스퍼드 슈즈 등으로 캐주얼하고 편안하게 연출한다.

©LILLY PULITZER

©parisx3.blogspot.com

비슷한 느낌의 옷차림이라도 어떤 슈즈를 매치하느냐에 따라서 전체적인 스타일이 달라진다. 포멀한 정장 바지에 미드 힐 펌프스를 신으면 우아하게, 스니커즈를 신으면 댄디하게 변신하듯이 말이다. 미니스커트에 플랫 슈즈를 신으면 귀여워 보이지만 플랫폼 부티를 신으면 시크해 보이는 것도 같은 맥락이다.

01

캐주얼한 스타일의 무한한 변신
스쿨 걸 룩 슈즈

가죽으로 만들어진 하이 톱 스니커즈는 편안하면서도 스타일리시하다.

©Christian Louboutin by Boon the Shop

학교에 갈 때는 활동성에 초점을 둔 발랄한 캐주얼룩이 제격이다. 그래서 슈즈도 베이직한 아이템을 기본으로 익살스러운 페인팅이나 톡톡 튀는 장식과 컬러가 들어 간 슈즈를 선택한다. 캠퍼스 새내기라면 로맨틱한 파스텔 톤 의상과 공주풍의 플랫 슈즈로 사랑스러운 스쿨 걸 룩을 연출한다. 과제가 밀려드는 학기 말에는 티셔츠와 데님 진, 캔버스 스니커즈로 편안하게 연출한다. 과별 모임이나 교수님과의 면담 자리에서는 단정한 프레피 룩을 추천한다. 블라우스나 스키니 팬츠에 포멀한 재킷을 덧입고 심플한 미드 힐 펌프스를 신는다.

톱 라인이 곡선으로 이루어진 앵클부츠는 발목이 슬림해 보이는 시각적 효과가 있다.

©COLORS OF CALIFORNIA

BEST SHOES
하이 톱 스니커즈, 주얼리 장식이 달린 플랫 슈즈, 통이 넉넉한 앵클부츠

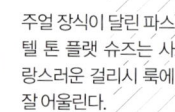

주얼 장식이 달린 파스텔 톤 플랫 슈즈는 사랑스러운 걸리시 룩에 잘 어울린다.

©VINCE CAMUTO

02

때로는 로맨틱하게 때로는 섹시하게
데이트 룩 슈즈

데이트 룩의 핵심은 여성스러움과 사랑스러움이 묻어나는 스타일이다. 그런데 이 포인트를 잘못 이해하고 오페라를 보든, 교외로 산보를 가든 무조건 굽이 높은 하이힐만 사수하는 여성이 많다. 첫 만남이라면 파스텔 톤 드레스에 리본이 달린 플랫 슈즈나 발가락이 살짝 보이는 핍토 슈즈를 신어 청순한 매력을 발산한다. 교외로 나들이 갈 때는 A 라인 원피스나 주름이 잡힌 아코디언 스커트에 청키한 굽이 달린 파스텔 톤 펌프스나 슬립온 슈즈를 매치한다. 로맨틱한 저녁 식사에는 칵테일 드레스와 하이힐 샌들로 섹시하게 연출한다.

가랑이가 축 처지는 일명 '똥싼 바지'와 후줄근한 슬리퍼, 강해 보이는 파워 숄더와 스터드 장식 플랫폼 슈즈, 밀리터리 룩에 어울리는 군화 같은 워커는 남자들이 꼽는 워스트 아이템이다.

BEST SHOES
둥근 코 플랫 슈즈, 캐주얼 로퍼, 이브닝 샌들

ⓒcharlotte olympia

반짝이는 장식을 수놓은 블랙 플랫 슈즈는 디자인이 독특하고 착용감이 편해서 활용도가 높다.

ⓒrupert sanderson by
ELBON the style BLACK

유치해 보이기 쉬운 공주풍 원피스에는 아방가르드한 커팅과 모던한 디자인의 굽이 달린 샌들을 매치해 세련미를 강조한다.

ⓒasos

편안한 착용감의 로퍼는 데일리 룩이나 교외 산책에 어울린다. 파스텔 톤을 선택하면 상큼하고 발랄해 보인다.

03

업무 스타일에 따른 차별화
오피스 룩 슈즈

오피스 룩은 클래식한 정장과 가죽 소재의 펌프스를 기본으로 직종에 따라 변화를 준다. 룩을 클래식하게 유지하면서 슈즈를 통해 경쾌한 변화를 주고 싶다면 에나멜 소재에 누드, 핑크 등으로 컬러감을 주면 페미닌한 느낌을 연출할 수 있다.

개방적인 업무에 종사한다면 부티, 웨지 힐 슈즈 등 활동성과 스타일을 두루 갖춘 아이템을 선택한다. 세미 정장에 댄디한 느낌의 옥스퍼드 슈즈를 신으면 활동적이고 세련돼 보인다.

외근이 잦다면 슬림한 팬츠와 포멀한 재킷을 입고 청키한 굽이 달린 부티를 매치한 활동적인 세미 캐주얼룩을 연출한다. 예술, 패션 계통 종사자는 미니 트렌치 코트, 롱 케이프처럼 트렌디한 아이템을 활용한다. 슈즈를 선택할 때도 하이힐 펌프스나 웨지 힐 플랫폼 슈즈를 더하면 개성 있어 보이고 퇴근 후 만남에도 손색없는 세련된 스타일이 완성된다.

BEST SHOES
심플한 미드 힐 펌프스, 캐주얼한 부티, 웨지 힐 플랫폼 슈즈

©Jean-Michel Cazabat by shopbop

©ELCANTO

©Whistles Aimee by asos

가벼운 코르크 소재의 웨지 힐 플랫폼 슈즈는 가볍고 편안해서 오래 걸어도 피곤함이 덜하다.

클래식한 누드 톤의 에나멜 펌프스는 어떤 컬러와도 잘 어울리며, 페미닌한 스타일이 연출된다.

편안함에 초점을 맞춘 부티의 굽은 바닥에 닿는 면적이 넓고 높이가 3~5cm 정도 되는 것이 좋다.

©parisx3.blogspot.com

04

단아한 엘레강스 스타일
상견례 룩 슈즈

상견례 자리에서는 단아한 엘레강스 룩이 정답이다. 옷을 우아하게 차려입고도 슈즈는 오피스 룩에나 신을 법한 개성 없는 미드 힐 슈즈만 생각하는 사람이 많다. 너무 무난한 룩에 기본적인 디자인의 슈즈로만 코디하면 답답해 보일 수 있다. 옆 부분이 비대칭으로 트인 사이드 오픈 펌프스나 옆 트임이 있는 세퍼레이티드 펌프스를 신으면 한결 세련되고 우아해 보인다. 화사하고 부드러운 느낌을 강조하고 싶다면 파스텔 톤의 니렝스 원피스에 재킷을 덧입고 심플한 누드 톤 로힐 펌프스를 신는다.

좌식 레스토랑은 움직임이 편한 A 라인 원피스와 신고 벗기 편한 슈즈를 매치한다. 여름철이라도 맨다리를 드러내는 것은 실례이니 투명 스타킹을 신고 더럽거나 찢어진 깔창은 미리 수선해 놓는다.

BEST SHOES
스킨 톤 로힐 펌프스, 세퍼레이티드 펌프스, 스킨 톤 미드 힐 펌프스

©Manolo Blahnik

우아한 느낌의 와인색 세퍼레이티드 펌프스는 발볼이 날씬해 보여 여성스러운 분위기를 연출한다.

©repetto

가는 끈이 달린 파스텔 컬러의 메리 제인 슈즈는 여성스럽고 우아해 보인다.

05

튀지 않고 우아할 것
결혼식 하객 룩 슈즈

차분한 파스텔 톤 의상에는
독특한 레오파드 무늬 부티를
포인트 아이템으로 활용한다.

결혼식에 참석할 때는 튀는 스타일, 답답하거나 올드한 디자인, 지극히 여성스러운 슈즈를 피한다.
럭셔리한 느낌의 소재, 세련돼 보이는 커팅, 포인트 아이템으로 활용할 수 있는 프린트가 가미된 슈즈를 고르면 튀지 않으면서도 우아하게 연출할 수 있다.
세련된 하객 패션에 어울리는 무난한 아이템은 뉴트럴 컬러 H 라인 원피스와 밝은 컬러의 미드 힐 펌프스이다. 야외에서 열리는 데이 웨딩에는 정장 쇼트 팬츠와 러플 블라우스에 샌들을 매치한 러블리 페미닌 룩이 잘 맞는다. 로맨틱한 이브닝 웨딩에는 벨벳 원피스를 입고 주얼리 장식 슈즈를 신어 우아하게 연출한다.

리넨 소재토 오픈 펌프스는 여름철 우아한 룩 연출에 잘맞는다.

끈이 굵고 청키한 굽이 달린 샌들은 모던한 미니멀 룩과 잘 어울린다.

BEST SHOES
미드 힐 펌프스, 실크 토 오픈 펌프스, 이브닝 샌들

페미닌한 룩에는 가는 끈이 엑스자로 교차하는 샌들을 선택한다.

06

머리부터 발끝까지 엄숙한 스타일
장례식 참석 슈즈

장례식에 참석할 때는 단정하고 깔끔한 짙은 무채색 정장으로
예의를 갖춘다. 심한 노출, 화려한 장식, 튀는 원색 계열의 아이
템과 번쩍이는 액세서리, 지나친 색조 화장, 높은 킬 힐, 토 오픈
슈즈는 적절하지 않다. 블랙 플랫 슈즈나 로힐 펌프스, 슬링백
슈즈를 스타킹과 함께 신어 발가락이 보이지 않도록 한다.

BEST SHOES

블랙 로힐 펌프스, 블랙 플랫 슈즈

암전한 블랙 펌프스에 달린 장식은
작은 리본처럼 수수한 디자인이 어
울린다.

더운 날씨에는 옆 부분이 트인 디
자인의 블랙 펌프스를 선택한다.

07

캐주얼룩의 루스한 변신
휴일 룩 슈즈

휴일에는 대충 입은 것 같은데 자세히 보면 흠잡을 데 없는 얄미워 보이는 캐주얼룩이 제격이다. 가장 손쉬운 스타일링은 데님 진과 티셔츠에 착화감 좋은 플랫 슈즈, 스니커즈, 옥스퍼드 슈즈 등을 매치하는 것이다. 특히 얇고 구부러진 모양의 폴더 플랫 슈즈는 편하면서도 스타일리시하게 연출하기 좋은 아이템이다. 몸에 붙는 저지 원피스에 카디건을 덧입고 두껍고 낮은 굽이 달린 앵클부츠로 세미 캐주얼 스타일을 연출해도 좋다. 갑자기 저녁 약속이 생기면 하이힐로 바꿔 신는다.

BEST SHOES

데님 앵클부츠, 통굽 부티, 폴더 플랫 슈즈

ⒸRubber Duck

자연스러운 주름이 잡힌 데님 소재의 앵클부츠는 스타일리시하다.

Ⓒb-Store by Darling You

청키한 굽이 달린 투박한 부티는 무심한 듯 시크한 멋이 일품이다.

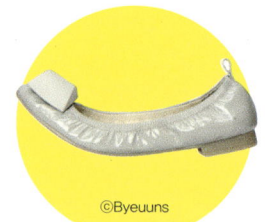
ⒸByeuuns

여유로운 휴일에는 탄력 있는 폴더 플랫 슈즈로 편안한 캐주얼룩을 완성한다.

ⒸLaura Eliner

08

걷기 편하고 스타일리시할 것
여행 룩 슈즈

여행지의 옷차림은 방문 목적에 따라 달라진다. 비지니스 여행
이라면 업무용 수트와 캐주얼한 옷 몇 벌, 정장 슈즈와 스니커즈
정도면 충분하다.

휴양지에 갈 때는 날씨와 분위기를 고려해 착용감이 좋고 부피
가 작은 실용적인 아이템을 챙긴다. 데님 진과 티셔츠 또는 선
드레스에 플랫 샌들이나 스니커즈를 매치하면 활동하기 편한
데이 타임 리조트 룩이 완성된다. 밤에는 파티에 어울리는 화려
한 프린트 드레스와 웨지 힐 샌들로 멋을 낸다.

바닷가는 일교차가 크므로 가죽 재킷이나 야상 점퍼 같은 아우
터를 준비해서 저녁 외출에 대비한다.

BEST SHOES
기능성 스니커즈, 플랫 슈즈, 플립플롭

ⓒRubber Duck

ⓒTretorn

고무 소재 샌들은 가볍고 방
수가 되어 특히 바닷가에 갈
때 잘 어울린다.

활동량이 많은 여행지에서는
쿠션이 좋은 기능성 스니커즈
를 추천한다.

09

강력한 스타일 믹스매치
클럽 룩 슈즈

클럽 룩은 과감하고 섹시해야 한다. 슈즈를 선택할 때도
이런 클럽 룩의 특징을 반영해야 개성 있는 룩을 연출할
수 있다. 자유분방한 힙합 클러버에게는 레오파드 점프
수트, 루스한 티셔츠와 스키니 레더 팬츠 같은 캐주얼한
의상과 터프한 워커 부츠를 추천한다.

모던한 일렉트로닉 클럽에서는 독특한 재단과 반짝이
는 스팽글처럼 시선을 끄는 원피스로 세련되게 연출한
다. 여기에 킬 힐 부티나 글래디에이터 샌들, 커다란 장
식이 달린 스트랩 슈즈를 매치해 시크하게 마무리한다.

BEST SHOES
반짝이는 글리터 소재 스트랩 슈즈, 터프한 워커 부츠

©Topshop

반짝이는 돌피 소재는 화
려함의 극치이다.

©Dr Martens

금속 아일렛 장식은 워커
부츠의 강렬함을 배가시
킨다.

©pants:3.blogspot.com

10

화려한 스타일 퀸
파티 룩 슈즈

파티에 초대받았다면 시간, 장소, 목적과 초대하는 사람의 성향을 파악한다. 격식 있는 자리라면 뉴트럴 톤의 롱 드레스와 실크 소재의 토 오픈 펌프스를 매치해 우아한 여신 포스를 뿜낸다.
캐주얼 파티에서는 톡톡 튀는 칵테일 드레스를 입고 아찔한 킬 힐 슈즈나 반짝이는 주얼리 장식 샌들을 신는다. 여기에 커다란 링과 긴 장갑, 작은 클러치 백을 더하면 화려함이 배가 된다.

BEST SHOES
실크 토 오픈 펌프스, 킬 힐 샌들, 주얼리 장식 이브닝 슈즈

ⒸLips by asos

메탈 소재와 주얼리 장식이 만나면 블링블링한 파티 퀸 슈즈가 탄생한다.

ⒸGiuseppe Zanotti

핍토 슈즈는 발가락이 보이는 트임이 작을수록 보일 듯 말 듯한 매력이 배가된다.

ⒸCesare Paciotti

심플한 드레스에는 큐빅이 촘촘하게 박힌 이브닝 슈즈를 매치해 과감하게 연출한다.

ⒸChiara Ferragni

ⒸChiara Ferragni

천만 가지 연출이 가능한

Stocking
스타킹

스타킹은 컬러와 소재가 다양해서 어떤 슈즈를 매치하느
냐에 따라서 다양한 연출이 가능하다. 자연스러운 누드 컬
러 스타킹은 단정한 스커트 정장과 로힐 펌프스에 잘 어울
린다. 자신의 피부 톤보다 살짝 짙은 색의 스타킹을 신어야
어색하지 않다.
겨울철에는 덜 추워 보이는 블랙 컬러가 선호된다. 구멍이
났거나 올이 나가 찢어진 스타킹을 스터드 장식이 달린 앵
클부츠와 매치하면 강렬한 록 시크 룩을 연출할 수 있다.

불투명 스타킹

불투명 스타킹은 다리가 비치지 않아 매끈하고 깔
끔한 느낌을 준다. 블랙, 브라운, 네이비, 다크 와인,
그레이 등 짙은 톤은 차분하고 우아하게, 레드, 핫
핑크 같은 원색은 발랄한 포인트 아이템으로 사용
한다. 불투명 스타킹은 다양한 슈즈와 잘 어울리
지만 발목에 딱 붙는 앵클부츠와 매치하면 다리가
짧아 보일 수 있으니 피한다.

패턴 스타킹

패턴 스타킹은 무늬에 따라 느낌이 천차만별이다. 단순하고 작은 패턴이 반복적
으로 나타나는 스트라이프, 헤링본과 아가일 체크 무늬는 비즈니스 캐주얼 의상과 심
플한 미드 힐 펌프스에 매치하면 점잖고 차분한 이미지를 연출할 수 있다.
세로 스트라이프는 착시에 의해 다리가 길고 가늘어 보인다. 그러나 다리가 휘었다
면 사선 무늬를 선택해 단점을 보완한다. 도트, 리본, 하트, 레이스 무늬 스타킹은 로
맨틱 페미닌 룩에 제격이다. 아이보리, 베이비 핑크 등 화사한 컬러와 몸에 앙코가
둥근 틀렛 슈즈를 매치하면 사랑스럽게 연출할 수 있다. 에스닉한 느낌이 나는 플로
럴 페이즐리같이 크고 화려한 패턴의 스타킹은 원 포인트 스타일링에 활용한다. 무
늬의 컬러가 밝고 선명할수록 다리가 부어 보이므로 굽이 높은 복고풍 플랫폼 슈즈를 늘
씬하게 연출한다.

©lapdyiredhouse

©Laura Ellner

©Chiara Ferragni

니트 스타킹

니트 스타킹은 따뜻하고 귀엽지만 소재가 두툼해서 다리가 두꺼워 보인다. 특히 화이트와 파스텔 톤처럼 옅은 컬러는 좋은 다리를 강조하므로 주의할다. 니트 스타킹에 메리 제인 펌프스를 스판펀 발랄한 스쿨 걸 룩을 이고 부츠를 스판펀터뜻한 캐주얼룩을 연출할수 있다.

♣ 스타킹 백배 활용법

원사의 굵기가 굵을수록, 즉 데니어의 수가 높아질수록 내구성과 불투명도 증가한다 다른 직물에 비해 뜯기기 쉬우므로 스타킹을 신을 때는 발톱을 짧게, 손톱을 매끈하게 다듬는다.
올이 나갔을 때는 임시 방편으로 투명 매니큐어를 바른다. 스타킹을 빨 때 손으로 비벼 빨고 식초를 넣은 물에 잠시 담근 후 말리면 수명이 길어진다. 못쓰게 된 스타킹은 구두를 닦거나 아세톤을 묻혀 페디큐어를 지울 때 사용한다.

피시넷 스타킹

피시넷 스타킹은 관능적이면서도 지적인 매력이 있다. 망의 크기가 작고 실이 얇을수록 단아하고 망의 크기가 클수록 섹시하다. 망이 촘촘한 제품은 가운데 부분에 비해 윤곽선 부위가 상대적으로 진해 보여 다리가 가늘어 보이므로 하이힐 펌프스를 매치해 각선미를 강조한다. 망의 패턴이 큰 피시넷 스타킹에는 무릎까지 오는 내피 부츠를 스판펀 세련돼 보인다.

펄 스타킹

펄 스타킹은 평범한 룩을 화려하게 변신시킨다. 어두운 곳에서 조명을 받으면 더욱 빛을 발해서 이브닝 레그 웨어로 인기가 많다. 펄 스타킹에 발가락이 살짝 보이는 토 오픈 또는 펌프 슈즈를 매치하면 우아하게 연출할 수 있다.

심 스타킹

심 스타킹은 봉합 기술이 부족했던 1930년대 초에 개발되었다. 심 스타킹의 특징은 종아리 뒤쪽 중심을 가로질러 나 있는 한 줄의 솔기다. 심 스타킹을 타이트한 펜슬 스커트와 검정 벨트, 매끈한 페이턴트 하이힐 펌프스와 매치하면 섹시하게 연출할 수 있다.

PART 4

스타일 아이콘인 영국 왕세손비 케이트 미들턴은
사랑스러운 시폰 원피스를 입을 때나 정장 스커트를
입을 때도 미드 힐 굽의 펌프스를 즐겨 신는다.
에이브릴 라빈은 섹시한 스커트에
강렬한 워커 부츠를 신어 페미닌 펑크 룩을 완성한다.
셀러브리티의 잇 슈즈를 보며 때로는 케이트 미들턴처럼
때로는 에이브릴 라빈처럼 변신해 보자.

셀러브리티
잇 슈즈

01
Casual Look

트렌드 세터의 잇 스타일
캐주얼룩

©asos

스니커즈와 플랫 슈즈처럼 편안함과 스타일을 겸비한 슈즈는 캐주얼룩의 대표
주자이다. 데님 진과 면 티셔츠 같은 일상적인 데이 웨어는 물론 포멀한 정장과
로맨틱한 원피스와도 무리 없이 어울리는 힙한 아이템이다. 스타일리시한 캐주
얼 슈즈 한 켤레면 하이힐 없이도 트렌디한 '노힐족'으로 거듭날 수 있다.

떠오르는 영국의 패셔니스타 펀 코튼은 평범한 옷차림에 톡톡 튀는 슈즈를 더해 캐주얼룩을 유니크하게 풀어낸다. 데님 진, 맨투맨 티셔츠 등 지극히 평범한 아이템에 컬러풀한 옥스퍼드 슈즈, 벨트 장식이 달린 앵클부츠, 메탈릭 소재의 플랫 슈즈 등 컬러와 디테일, 소재가 독특한 슈즈를 활용해 지루하고 촌스럽다고 여겨지는 스타일을 감각적으로 표현한다.
블랙, 그레이 등 차분한 톤의 슈즈로 펀 코튼 룩을 따라 하고 싶다면 그녀의 잇 아이템인 화려한 프린트 레깅스, 앵클 삭스를 매치해 슈즈를 돋보이게 한다. 튀는 슈즈로 포인트를 줄 때는 옷을 차분한 컬러를 매치해 스타일에 강약을 조절한다.

★Shoes
컬러풀한 옥스퍼드 슈즈, 앵클부츠, 플랫 슈즈
★Fashion item
화려한 프린트 레깅스, 루스한 앵클 삭스

ⓒrepetto

캐주얼룩의 절대 고수
펀 코튼
Fearne Cotton

최근 파파라치에 찍힌 케이트 보스워스를 보면 그녀가 즐겨 신는 잇 슈즈, 허니 브라운 앵클부츠가 있다. 이 슈즈는 스웨이드 소재 특유의 포근함과 여성스러운 곡선이 돋보여 베이직한 데님을 사랑스러운 페미닌 캐주얼룩으로 완성하는 일등공신이다.

부드럽게 그러데이션된 데님 셔츠와 짙은 청색 데님 진에는 내추럴한 다크 브라운 가죽 앵클부츠로 차분한 분위기를 연출한다. 따뜻한 브라운 계열 슈즈와 잔잔한 뉴트럴 톤 컬러 옷을 매치하면 케이트 보스워스처럼 여성스럽고 편안한 느낌을 연출할 수 있다.

★Shoes
로힐 스웨이드 앵클부츠, 통이 넉넉한 앵클부츠

★Fashion item
파스텔 컬러 티셔츠, 워싱 데님 아이템, 보잉 선글라스

ⓒasos

페미닌 캐주얼의 진수
케이트 보스워스
Kate Bosworth

이사벨 루카스는 풋풋하고 자연스러운 캐주얼룩에 어울리는 편안한 슈즈를 즐겨 신는다. 통기성이 좋은 코튼 소재 슬립온 슈즈를 신을 때는 롤업 워싱 진과 바랜 듯한 프린팅 티셔츠로 낡은 듯한 그런지(grunge)풍의 멋을 살린다. 옥스퍼드 슈즈를 신을 때는 끈을 무심하게 묶고 포근한 느낌의 스웨터를 매치한다. 여성스러움을 강조하고 싶다면 발레리나들이 신는 탄력 있는 폴더 플랫 슈즈에 긴 코튼 원피스를 입고 꽃무늬 볼레로 카디건을 매치한다. 클래식한 사각 숄더백과 페도라를 더하면 빈티지한 감성이 배가된다.

★Shoes
슬립온 슈즈, 낡은 듯 멋스러운 옥스퍼드 슈즈,
폴더 플랫 슈즈

★Fashion item
빈티지 프린팅 셔츠, 스웨터, 롤업 진,
코튼 원피스

©TOMS

풋풋한 빈티지 캐주얼룩
이사벨 루카스
Isabel Lucas

02
Classic Look

변치 않는 고전
클래식 룩

©Stuart Weitzman

'클래식 룩'은 귀족적이고 고상하다. 그러나 자칫하면 지루하고 촌스러워 보일
수 있다. 이 2%의 차이는 슈즈에 달려 있다. 클래식 룩에 베스트 매치 아이템인
로힐, 미드 힐 펌프스와 플랫 슈즈를 기본으로 컬러와 디테일에 조금만 변화를
주면 클래식 룩에 개성을 더할 수 있다.

트렌디한 클래식 룩이 궁금하다면 영국 윌리엄 왕자의 아내, 케이트 미들턴을 주목하자. 케이트 미들턴은 공식석상에서 선보인 각종 패션 아이템을 완판시키며 핫한 스타일 아이콘으로 승승장구하고 있다.

그녀가 즐겨 신는 심플한 미드 힐 펌프스는 로열 패밀리의 보수적인 틀을 벗어나지 않으면서 톱 라인이 섹시하게 파이고 굽이 직선으로 뻗어 모던한 감각이 느껴진다. 여기에 화려한 원색과 미니멀하고 슬림해 보이는 펜슬 라인 원피스를 매치해 자신만의 개성을 드러낸다.

비비드한 블루 원피스로 진취적인 이미지를 연출할 때는 슈즈와 벨트의 컬러를 동일하게 매치해 통일감을 꾀한다. 군더더기 없는 라이트 그레이 클래식 룩은 누드 컬러 펌프스와 작은 클러치 백으로 시크하게 연출한다.

★Shoes
미드 힐 펌프스

★Fashion item
펜슬 라인 원피스, 슈즈와 동일한 컬러의 벨트와 클러치 백

©ELCANTO

모던 클래식 룩의 정수
케이트 미들턴
Kate Middleton

세기를 아우르는 클래식 룩
오드리 헵번
Audrey Hepburn

영화 〈티파니에서 아침을〉에서 블랙 드레스에 진주 목걸이를 두르고 우아하게 크로와상을 먹던 오드리 헵번을 기억하는가? 〈로마의 휴일〉에서 산뜻한 화이트 셔츠에 풀 스커트를 입고 오토바이를 타던 사랑스러운 모습은 어떠한가? 그녀의 스타일은 핫한 할리우드 스타들과 견주어도 전혀 뒤지지 않을 만큼 여전히 세련되고 멋지다.
심플한 로힐 펌프스와 메리제인 플랫 슈즈는 오드리 헵번이 즐겨 입던 페미닌 엘레강스 룩에 적격이다. 블랙, 브라운, 베이지 계열의 무난한 컬러를 선택해 단아하게 스타일링하는 것이 포인트이다.

ⓒSalvatore Ferragamo

살바토레 페라가모가 오드리 헵번을 위해 만든 '오드리 메리 제인 발레 플랫'은 사랑스럽고 우아해서 스테디하게 판매되는 슈즈이다.

〈가십 걸〉의 헤로인 레이튼 미스터는 시선을 사로잡는 선명한 비비드 컬러 하이힐 슈즈로 업타운 걸다운 깜찍한 클래식 스타일을 선보인다. 오렌지 컬러 펌프스를 신고 보색 대비가 두드러지는 블루 톤 아우터를 매치하거나 레드나 와인색 메리 제인 펌프스에 카키와 옐로 계열 아이템을 매치하는 등 과감한 컬러 매치를 두려워하지 않는다.
둥근 앞코와 반짝이는 에나멜 소재, 높은 가보시 굽의 하이힐은 귀엽고 착용감이 편해서 클래식 룩을 소녀답게 표현하기 좋다.

★Shoes
비비드 컬러 에나멜 하이힐 펌프스,
플랫폼 메리 제인 슈즈
★Fashion item
플레어 스커트, 공주풍 망토, 패턴이 화려한 스타킹,
비비드 컬러 핸드백

ⒸEL CANTO

클래식 룩의 업타운 걸 버전
레이튼 미스터
Leighton Meester

세련된 클래식 룩

재클린 케네디 오나시스
Jacqueline Kennedy Onassis

재클린 케네디 오나시스의 시그니처 아이템은 트렌치 코트, 심플한 스웨터, 커다란 선글라스, 세 줄짜리 진주 목걸이, 앞코가 뾰족한 로힐 펌프스이다.
외출 시에는 캐주얼한 옷차림에 스퀘어 토 플랫 슈즈를 신어 활동성을 높였다. 여기에 화려한 에르메스 스카프와 커다란 선글라스를 더하면 자신감 넘치는 재키 스타일이 완성된다.

제18대 프랑스 대통령 영부인 카를라 브루니는 공식석상에서 페미닌한 로힐 슈즈를 신어 이지적인 우아함을 드러낸다. 앞코에 작은 리본 장식이 달린 플랫 슈즈는 여성스럽고 단정해 보이고, 앞코에 금속 사각 장식이 달린 플랫 슈즈는 활동적이고 세련돼 보인다. 셔링 잡힌 펜슬 스커트, 핏이 좋은 코트, 스퀘어 토트백 역시 우아한 로힐 슈즈처럼 클래식 룩의 기본을 지키면서도 독특한 디테일을 적절히 활용한 아이템이다. 그레이, 블랙 등 모노 톤 컬러의 슈즈를 선택하면 한층 시크하고 차분한 스타일링을 선보일 수 있다.

★Shoes
작은 리본 장식이 달린 로힐 펌프스,
금속 장식 플랫 슈즈
★Fashion ite
H 라인 원피스, 단추가 여러 개 달린 코트,
클래식한 스퀘어 토트백

©repetto

우아한 프렌치 클래식 룩

카를라 브루니
Carla Bruni

©Jimmy Choo

앙증맞은 키튼 힐이 달린 포인티 토 슈즈는 클래식하면서도 실용적인 아이템이다.

03
Modern Chic
Look

간결한 세련미의 절정

모던 시크 룩

ⓒChristian Louboutin by Boon the Shop

모던 시크 룩을 대변하는 슈즈는 군더더기 없이 심플해야 한다. 클래식한 하이
힐 펌프스와 슬링백 슈즈처럼 단순해 보이지만 세련된 핏과 실루엣을 갖춰야
한다. 모자란 듯 흐트러진 자연스러움과 남의 시선을 의식하지 않는 무심한 태
도는 도도한 매력을 배가시킨다.

사랑스러운 베이비 페이스의 소유자 미란다 커는 단순 명료한 미니멀리즘 스타일을 선호한다. 직선으로 떨어지는 화이트 티셔츠와 블랙 레더 팬츠에 심플한 와인색 펌프스로 포인트를 준다. 그래서 슈즈를 선택할 때도 톱 라인이 직선으로 파이고 굽이 일자로 뻗은 펌프스를 택하면 세련돼 보인다.

플립플롭을 신어도 미친 존재감을 드러내는 그녀의 스타일 포인트는 절제이다. 모던함이란 'Less is more.', 장식을 최대한 배제하고 톤 다운된 컬러의 아이템을 최소화하는 것이다. 시선을 끌고 싶다면 핑크 컬러 에나멜 소재에 금속 스틸레토 힐 포인트 슈즈를 매치하자. 미란다 커처럼 심플하면서도 시크한 분위기를 연출할 수 있다.

★Shoes
심플한 하이힐 펌프스, 미니멀한 디자인의 플립플롭
★Fashion item
물 빠진 데님 진, 쇼트 팬츠, 티셔츠, 박시한 원피스, 풀 스커트

모던 미니멀리즘 스타일 퀸
미란다 커
Miranda Kerr

ⓒELCANTO

화장기 없는 얼굴과 헝클어진 머리를 고수하는 샤를로트 갱스부르에게는 할리우드의 완벽한 미인들과는 다른 소박함이 있다. 선이 간결한 셔츠와 조끼, 심플한 팬츠를 입고 굵은 스트랩 슈즈를 신은 모습은 수수하지만 파리지엥의 멋을 표현하기에 충분하다. 공식석상에서는 심플한 블라우스와 슬림 팬츠에 재킷을 덧입고 구조적인 디자인의 샌들을 신는다. 특이한 소재, 뉴트럴 컬러, 모던한 굽은 그녀의 중성적인 아름다움을 더욱 돋보이게 하는 요소이다.

★Shoes
굵은 스트랩 샌들
★Fashion item
재킷, 블라우스, 슬림 팬츠

©CAMILLA SKOVGAARD

파리지엥의 모던한 멋
샤를로트 갱스부르
Charlotte Gainsbourg

카린 로이펠트는 자신만의 패션 왕국을 지배하던 전직 프랑스 보그 편집장이다. 상식을 뛰어넘는 그녀의 스타일은 언제나 과
감하고 섹시하다. 아방가르드한 디자인과 파격적인 실루엣, 다양한 소재의 믹스매치는 카린의 전매특허이다.
카린처럼 연출하고 싶다면 코튼, 울, 벨벳, 레이스, 퍼, 실크, 스팽글과 가죽을 넘나드는 섬세한 감각을 눈여겨 보자. 섹시한 가는
끈이 달린 레이스 업 샌들과 킬 힐 펌프스는 시크함에 방점을 찍어 줄 아이템이다.

★Shoes
데님 진, 티셔츠, 포멀한 재킷, 타이트한 드레스, 향수
★Fashion item
앵클부츠, 레이스 업 부티, 킬 힐 토 오픈 펌프스

ⒸALAIA

섹시한 모던 시크 룩의 대가
카린 로이펠트
Carine Roitfeld

04
Mix Match Look

더하고 빼고 섞는
믹스매치 룩

©Jimmy Choo

믹스매치 룩은 서로 다른 요소를 섞어 새로운 스타일을 선보이는 패션 스타일
이다. 기존의 통념과 법칙을 깨고 예상치 못한 결과를 만들어 낸다. 슈즈를 선
택할 때도 기존과는 다른 조합으로 변화를 주되 룩과의 통일감을 유지하여 전
체적인 조화를 맞춘다.

믹스매치 룩의 신세계를 소개한 장본인은 바로 케이트 모스이다. 그녀가 패션계에 미친 영향은 일일이 나열하기 힘들 정도이다.
날렵한 스키니 진과 투박한 어그 부츠, 여성스러운 시폰 원피스와 터프한 워커 부츠, 올이 풀린 데님 쇼트 팬츠와 고무 소재의
레인 부츠, 키치한 피시넷 드레스와 드레시한 펌프스처럼 상반된 요소들을 매치해 색다른 매력을 선보인다.
여러 가지 아이템을 섞을 때 톤 다운된 비슷비슷한 컬러를 선택하면 무난하면서도 세련돼 보인다.

★Shoes
워커 부츠, 드레시한 펌프스, 레인 부츠, 어그 부츠
★Fashion item
스키니 진, 핏이 좋은 재킷

믹스매치 룩의 절대 지존
케이트 모스
Kate Moss

ⓒBALMAIN

런던의 잇 걸 알렉사 청은 걸리시한 슈즈로 동화적인 분위기가 느껴지는 믹스매치 룩을 연출한다. 굵은 스트랩과 투박한 느낌이 나는 통굽 앵클 스트랩 펌프스와 귀여운 메리 제인 슈즈는 소녀의 풋풋한 감성이 느껴지는 잇 아이템이다. 남성적인 멋이 느껴지는 앵클부츠를 신을 때도 섹시함이 느껴지는 가죽 쇼트 팬츠를 매치하면 세련된 룩을 연출할 수 있다.

캐주얼과 드레시, 남성적인 투박함과 여성적인 멋, 매트와 글로시, 오랜된 것과 새 것, 타이트함과 헐렁함 등 서로 상반된 요소를 섞으면 알렉사 청처럼 감각적인 믹스매치 룩을 연출할 수 있다.

★Shoes
굵은 스트랩 통굽 샌들, 메리 제인 슈즈
★Fashion item
플레어 스커트, 귀여운 장식이 달린 미니 원피스, 트렌치 코트

ⓒb-Store by Darling You

동화적인 룩의 대표 아이콘
알렉사 청
Alexa Chung

클로에 세비니는 빈티지 시크 룩을 선보이는 패션 아이콘이다. 올드 스쿨 스타일의 플랫폼 메리 제인 슈즈부터 모던한 앵클부츠에 이르기까지 다양한 슈즈를 활용해서 본인만의 개성을 드러낸다.
심플한 스퀘어 토 앵클부츠와 빈티지 레오파드 원피스, 페미닌한 메리 제인 슈즈와 매니시한 테일러드 재킷, 클래식한 페니 로퍼와 캐주얼한 데님 쇼트 팬츠와의 조합처럼 1980년대 레트로 스타일을 트렌디하게 풀어 내는 패션 센스가 대단하다.

★Shoes
앵클부츠, 메리 제인 슈즈, 페니 로퍼
★Fashion item
프린팅 원피스, 매니시한 테일러드 재킷, 바비 삭스

ⒸCesare Paciotti

빈티지 시크 룩 마니아
클로에 세비니
Chloe Sevigny

05
Punk Look

터프한 아우라
펑크 룩

©VINCE CAMUTO

펑크 룩은 세상에 대한 불만과 저항을 쏟아 낸 1970년대 펑크 음악에서 유래했다. 터프한 워커 부츠와 뾰족한 스터드 장식이 달린 부츠같이, 기성세대에 반발하는 젊은이들의 공격적인 반항아 기질이 느껴지는 슈즈가 베스트 매치 아이템이다. 전위적인 디자인에서 거칠고 치명적인 매력이 느껴진다.

록 가수 테일러 맘슨은 리드 싱어로 활동하는 록 밴드의 하드 코어 음악과 완벽하게 일치하는 강렬하고 섹시한 펑크 룩을 선보인다. 투박한 군화 스타일 부츠에는 엉덩이를 덮는 헐렁한 티셔츠와 가죽 재킷을 입어 터프하게 연출한다. 버클이 촘촘히 달린 플랫폼 롱부츠는 가슴이 깊이 파인 가죽 원피스와 매치해 섹시함을 강조한다.

★Shoes
터프한 워커 부츠, 전위적인 디자인의 플랫폼 롱부츠
★Fashion item
가죽 원피스, 피시넷 스타킹, 스터드 장식 가죽 목걸이

섹시한 팜므파탈 펑크 룩
테일러 맘슨
Taylor Momsen

©Dr Marten

팝 스타 에이브릴 라빈은 캐주얼한 스케이터 룩에 블랙&핫 핑크 컬러 소품을 더하거나 깜찍한 스커트에 터프한 부츠를 매치해
사랑스러운 펑크 스타일을 선보인다. 스터드 장식 컨버스 스니커즈에는 해골이 그려진 후드 티와 블랙 데님 진 또는 짧은 체크
무늬 주름 스커트를 매치해 캐주얼한 데일리 펑크 룩을 완성한다.
볼륨이 풍성한 키치한 튜튜 원피스에는 벨트를 하고 투박한 레이스 업 부츠를 신어 사랑스러운 펑크 룩을 연출한다. 체인과 넥
타이, 해골 모티브 액세서리를 활용해 아기자기한 재미를 주거나 올이 나간 스타킹을 신으면 펑키함이 배가된다.

★Shoes
스터드 장식 컨버스 스니커즈, 레이스 업 부츠
★Fashion item
해골 프린팅 티셔츠, 볼륨이 풍성한 튜튜 원피스,
구멍 난 스타킹

©Dr Marten

사랑스러운 펑크족
에이브릴 라빈
Avril Lavigne

영화 〈트와일 라잇〉의 헤로인 크리스틴 스튜어트는 블랙 토 오픈 부티, 끝이 뾰족한 포인티 토 하이힐 펌프스로 절제된 록 시크 룩을 선보인다. 섹시한 가죽 팬츠에 블랙 토 오픈 부티를 신고 레드 페디큐어로 강렬함을 더한다.
펑크 무드는 작은 디테일만 추가해도 얼마든지 즐길 수 있다. 스터드 장식이 달린 플랫 슈즈, 유니크한 프린팅 티셔츠, 옷핀이 이 달린 원피스는 자유로운 록 정신을 만끽하기에 충분하다.

★Shoes
토 오픈 부츠, 스터드 장식 슈즈, 포인티 토 펌프스
★Fashion item
가죽 재킷, 가죽 팬츠, 유니크한 프린팅 티셔츠,
옷핀이 달린 전위적인 느낌의 드레스

ⓒma vie en rose

심플한 록 시크 룩의 내표 아이곤
크리스틴 스튜어트
Kristen Stewart

06
Bohemian Look

루스한 실루엣과 화려한 색감

보헤미안 룩

©Sam Edelman

보헤미안 룩의 특징은 느슨하게 흘러내리는 실루엣과 다채로운 색감이다. 자수를 놓은 카우보이 부츠와 알록달록한 비즈 장식을 수놓은 모카신은 에스닉한 패션에 잘 맞는 아이템이다. 페이즐리 프린트와 프린지, 태슬 장식 등은 여러 나라의 특징이 섞인 집시 스타일을 대변하는 요소이다.

니콜 리치는 보헤미안 무드의 슈즈에 현대적인 아이템을 가미한 보호 시크(Boho Chic) 룩을 선보인다. 에스닉한 스웨이드 앵클 부츠에는 올이 풀린 데님 쇼트 팬츠와 벌룬 소매가 달린 버튼 업 셔츠를 입어 과하지 않은 보헤미안 스타일을 완성한다. 비대칭 커팅이 돋보이는 트렌디한 원피스에 독특한 특피 소재의 심플한 오픈 토 펌프스를 매치하면 이국적인 느낌을 연출할 수 있다. 자유로운 분위기를 더하려면 페도라와 길게 늘어지는 목걸이를 활용한다.

★Shoes
술 장식이 달린 앵클부츠, 특피 소재 펌프스
★Fashion item
올이 풀린 데님 쇼트 팬츠,
이국적인 프린팅의 원피스, 페도라

ⒸHOUSE OF HARLOW

보호 시크 룩의 리디
니콜 리치
Nicole Richie

할리우드의 패셔니스타 시에나 밀러는 헐렁한 레이스 업 앵클부츠와 투박한 굽의 스웨이드 앵클부츠, 자수를 수놓은 카우보이 부츠로 모던한 스타일의 웨스턴 보헤미안 룩을 풀어 낸다. 흙을 연상케 하는 브라운 계열의 컬러와 빈티지한 스웨이드 소재를 선택하면 따뜻하고 부드러운 느낌을 더할 수 있다.
잔잔한 꽃무늬나 페이즐리 문양이 프린트된 미니 드레스, 소매가 넓은 튜닉 스타일의 원피스, 데님 조끼와 재킷을 매치하면 카우 걸처럼 발랄하면서도 에스닉한 분위기가 연출된다.

★Shoes
헐렁한 레이스 업 앵클부츠,
투박한 굽의 스웨이드 앵클부츠, 카우보이 부츠
★Fashion item
페이즐리 문양의 미니 드레스, 튜닉 스타일 원피스

발랄한 웨스턴 보헤미안
시에나 밀러
Sienna Miller

보헤미안 룩을 완성하는 액세서리 활용법이 궁금하다면 옷 잘 입기로 소문난 올슨 자매를 눈여겨보자. 블랙과 골드 컬러가 교차하는 굵은 스트랩 샌들과 태슬 로퍼는 동양적인 분위기를 고조시킨다. 수공예 느낌이 나는 반지와 목걸이는 여러 겹으로 과감하게 레이어링한다.

뱀, 타조, 악어, 레오파드 무늬처럼 독특한 가죽 소재와 깃털, 원석 장식을 활용한 슈즈는 이국적인 매력을 한껏 고조시킬 수 있다. 큰 술 장식이 달린 스카프나 풍성한 모피 숄을 휘감으면 자연스럽게 흘러내리는 실루엣이 연출된다.

★Shoes
태슬 장식 로퍼, 블랙&골드 컬러가 매치된 샌들
★Fashion item
술 장식 스카프, 풍성한 모피 숄, 터번, 페도라, 원석 목걸이

ⒸRocas

보헤미안의 진수
올슨 자매
Olsen Sisters

07
Mannish Look

매혹적인 양면성
매니시 룩

©ELCANTO

매니시 룩의 스타일링 포인트는 남성적인 요소를 가미하는 것이다. 여체에 맞게 디자인된 옥스퍼드 슈즈나 더비, 윙 팁 슈즈 등의 남성화는 자신감 넘치는 강한 여성을 상징한다. 박시한 셔츠나 넉넉한 보이 프렌드 재킷을 입거나 보타이와 커프스처럼 작은 액세서리를 활용한다.

영화배우 클레멘스 포시는 톰보이 룩을 사랑스럽게 선보이는 스타이다. 그녀의 톰보이 룩은 투박한 워커 부츠는 물론 매니시함과 거리가 멀어 보이는 날렵한 하이힐로도 표현이 가능하다. 금속 장식이 달린 강렬한 워커 부츠에는 비비드 컬러 티셔츠와 내추럴한 브라운 가죽 재킷을 매치해 상큼한 느낌을 연출한다. 포멀한 앵클 스트랩 펌프스는 발목이 깡총하게 드러나는 팬츠, 도트 블라우스와 매치하면 귀엽고 부드러운 톰보이 룩을 연출할 수 있다. 포인트 아이템으로 잔잔한 패턴이 들어간 쁘띠 스카프나 가는 체인 목걸이를 더한다.

★Shoes
워커 부츠, 포인티 토 앵클 스트랩 펌프스
★Fashion item
발목이 드러나는 슬림한 팬츠, 가죽 재킷,
귀여운 무늬의 블라우스

ⓒasos

사랑스러운 톰보이
클레멘스 포시
Clemence Poesy

박시하면서도 날렵한 스타일
캐서린 헵번
Katharine Hepburn

영화배우 캐서린 헵번은 팬츠를 사랑한 여성이다. 통이 넓은 하이 웨이스트 팬츠에 박시한 셔츠와 어깨가 넓은 재킷을 입고 벨트로 허리를 타이트하게 조임으로써 우아하면서도 관능적인 실루엣을 연출했다.

적극적인 행동가였던 헵번은 옥스퍼드 슈즈, 몽크 스트랩, 보트 슈즈와 같은 활동적인 남성화를 선호했으나, 때로는 날렵한 웨지 힐 샌들을 신어 여성스러움을 강조하기도 했다.

ⓒt-troupe by Darling You

메시 소재로 만들어진 레이스드 슈즈는 통기성이 좋아 더운 날씨에 스타일링하기 좋다.

뛰어난 음악성부터 남다른 춤 실력까지 다재다능한 자넬 모네는 남녀의 특징을 모두 소유한 앤드로지너스(androgynous) 룩을 즐긴다. 그녀의 잇 슈즈는 아찔한 스틸레토 펌프스이다. 담배같이 가는 시가렛 팬츠와 남성용 정장 모자로 매니시함을. 리본과 러플이 달린 화이트 셔츠, 반짝이는 소재의 재킷, 아찔한 스틸레토 펌프스로 여성스러움을 강조함으로써 상반되는 두 가지 느낌을 더해 중성적 매력을 감각적으로 표현한다.

★Shoes
스틸레토 펌프스
★Fashion item
스팽글 재킷,
러플 화이트 셔츠,
실크 시가렛 팬츠, 톱 햇

ⓒYves Saint Laurent

앤드로지너스 룩의 선두자
자넬 모네
Janelle Monae

모델 아기네스 딘은 영국적 펑크 무드를 가미한 매니시 룩의 대명사이다. 남자 친구에게 빌린 듯한 스니커즈와 워커 부츠는 아기네스 딘의 잇 슈즈이다. 오래 신은 듯한 그런지풍의 스니커즈는 스터드 장식과 가는 끈으로 포인트를 주고, 태닝 가죽 소재의 터프한 워커 부츠를 선택하면 아기네스 딘 스타일의 펑크 무드 룩을 완성할 수 있다. 여기에 오버 사이즈 티셔츠와 재킷, 데님 진, 컬러풀한 선글라스를 매치하면 개구쟁이 같은 캐주얼룩이 완성된다.

★Shoes
그런지풍의 스니커즈,
닥터 마틴 워커

★Fashion item
데님 진,
그래픽 프린팅 티셔츠,
선글라스

ⓒDr Martens

영국적 펑크 무드 룩의 지존
아기네스 딘
Agyness Deyn

성별을 아우르는 중성적인 매력
마를렌 디트리히
Marlene Dietrich

1930, 40년대를 풍미했던 은막의 스타 마를렌 디트리히는 남성과 여성의 경계를 넘나드는 매력을 가진 여배우이다. 수트 차림에 페도라를 쓰고 한쪽 눈을 가린 채 나른하게 담배를 피우는 모습에서 형용할 수 없는 신비로움이 느껴진다. 턱시도와 남성용 정장 모자로 드레스 업 했을 때는 포멀한 옥스퍼드 슈즈를, 캐주얼한 노타이 정장 차림에는 편안한 로퍼를 매치했다.

ⓒCesare Paciotti

화려한 비딩 장식이 더해진 옥스퍼드 슈즈는 섬세하고 고급스럽다.

08
Sexy Feminine Look

과감한 커팅을 활용한 글래머러스한 매력

섹시 페미닌 룩

©Rene Caovilla by La Collection

섹시 페미닌 룩은 대담하고 육감적이다. 여성의 성적 매력을 강조한 킬 힐 펌프스와 가는 끈의 샌들, 은근히 비치는 시스루 소재 부티 같이 성숙하고 글래머러스한 느낌의 슈즈가 선호된다. 의상 역시 몸의 실루엣을 살리거나 과감한 커팅으로 신체를 드러내는 디자인이 잘 어울린다.

킬 힐 마니아인 빅토리아 베컴은 섹시함을 모던하게 풀어낼 줄 아는 셀러브리티이다. 빅토리아 베컴처럼 관능적인 분위기를 연출하고 싶다면 발끝을 살짝 보여 주는 핍토 슈즈와 타이트한 니하이 부츠를 추천한다.

누드 컬러 킬 힐 핍토 펌프스는 다리부터 이어진 발등의 곡선이 섹시하면서도 우아한 반면, 타이트한 블랙 부츠는 발가락 끝을 제외한 나머지 부분을 감추고 실루엣을 강조해 은밀한 상상을 부추긴다. 신축성이 좋은 저지 소재 드레스와 잘록한 허리를 강조하는 벨트를 매치하면 여성스러운 매력이 고조된다.

★Shoes
킬 힐 핍토 펌프스, 타이트한 가죽 부츠
★Fashion item
저지 원피스, 굵은 벨트

©Sergio Rossi

모던한 섹시 룩
빅토리아 베컴
Victoria Beckham

디타 본 티즈는 고급스러운 스트립 쇼의 일종인 벌레스크의 여왕이다. 뱀파이어를 연상하게 하는 하얀 얼굴과 칠흑 같은 머리 카락, 굴곡 있는 몸매를 가진 대표적인 섹시 스타 중 한 명으로 고전적인 섹시함을 풀어낼 줄 아는 스타이다.

고전적인 펌프스는 앞코가 갸름하고 굽의 곡선이 아름다워서 모래시계 모양의 원피스와 매치하면 1940년대에서 영감을 받은 글램 레트로 스타일이 완성된다. 특히 앞쪽에 풍성한 장식이 달린 슈즈는 발등을 가리고 시선을 집중시켜 발이 작아 보여 한결 여성스럽다.

★Shoes
큰 장식이 달린 슈즈, 하이힐 펌프스
★Fashion item
모래시계 라인 원피스, 타이트한 펜슬 스커트

©Manolo Blahnik

글램 레트로 스타일의 귀환
디타 본 티즈
Dita Von Teese

136

◆전설적인 섹시 룩 아이콘

세기의 섹스 심벌
마릴린 먼로
Marilyn Monroe

전세계 남성들의 심장을 훔친 세기의 섹스 심벌은 단연 마릴린 먼로이다. 탐스러운 금발과 풍만한 몸매로 전형적인 할리우드 글래머 미인으로 꼽힌다. 영화 〈7년만의 외출〉에서 지하철 통풍구의 바람을 온몸으로 맞는 장면은 섹시미의 극치를 보여 준다. 이 영화에서 보여 준 가슴과 허리를 강조한 흰색 드레스와 늘씬한 각선미를 돋보이게 하는 스트랩 샌들은 마릴린 먼로의 섹시 룩을 대표한다.

안젤리나 졸리는 고급스러운 섹시 페미닌 룩을 선보인다. 블랙, 그레이, 스킨 컬러 같은 뉴트럴 컬러와 베이식한 토 오픈 펌프스를 즐겨 신는다. 특히 스킨 컬러 하이힐 펌프스는 다리부터 발끝까지 시선이 이어져 늘씬한 각선미를 뽐낼 수 있고, 블랙 토 오픈 펌프스는 발가락이 살짝 보여 절제된 섹시함을 연출할 수 있다.

안젤리나 졸리는 심플한 디자인의 슈즈를 선택하는 대신 의상은 시스루 소재의 관능적인 롱 슬릿 드레스처럼 과감한 아이템을 선택해 섹시함의 강약을 조절한다. 작고 섬세한 액세서리로 마무리하면 여신처럼 섹시한 매력을 연출할 수 있다.

★Shoes
스킨 컬러 하이힐 펌프스,
오픈 토 슈즈
★Fashion item
슬릿 드레스, 비대칭 원피스

ⓒasos

럭셔리 페미닌 룩의 지존
안젤리나 졸리
Angelina Jolie

ⓒVALENTINO

스트랩이 가늘수록 발등의 굴곡이
도드라져 관능미가 강조된다.

PART 5

예쁜 슈즈를 갖고 싶다면 핫한 쇼핑 스토어를,
품질 좋은 슈즈를 싼 가격에 '득템'하고 싶다면 아웃렛 숍을,
클릭 하나로 해외의 잇 슈즈를 쇼핑하고 싶다면
해외 온라인 몰을 알아야 한다. 디자인, 가격대, 위치별로
가장 핫한 슈즈 쇼핑 스토어를 공개한다.

슈즈
쇼핑 스토어

DepartMent StoRE

국내외 최고의 슈즈를 만날 수 있는
훌륭한 스타일 교본
백화점

백화점에는 다양한 스타일과 가격대의 상품이 모여 있어서 비교해 보며 쇼핑할 수 있다. 좋아하는 브랜드의 고객 리스트에 이름을 올리면 신상품 입고와 이벤트 같은 정보를 바로 알 수 있다. 백화점 카드를 만들어 멤버십 할인과 쿠폰을 활용하고 포인트를 꼼꼼히 챙기면 백화점 쇼핑, 부담스럽지 않다.

슈 콜렉션 Shoe Collection

슈 콜렉션은 크리스찬 루부탱, 지미 추, 세르지오 로시 등 트렌디한 해외 명품 슈즈가 모여 있는 편집숍이다. 클래식한 펌프스부터 화려한 이브닝 슈즈까지 국내에서 보기 힘들었던 다양한 슈즈를 선보인다. 특히 장인의 솜씨가 깃든 슈즈는 높은 가격대에 걸맞게 럭셔리해서 보는 재미가 있다. 슈 콜렉션은 퀄리티 높은 디자인이 많아 둘러보기만 해도 행복해지는 곳이니 슈어홀릭이라면 꼭 가 보자.

주소 서울 서초구 반포동 19-3번지 신세계 백화점 강남점 본관 2층 / 서울 중구 충무로1가 52-5번지 신세계백화점 본점 본관 2층
전화 02-3479-6047(강남점) / 02-310-1809(본점)
영업 시간 10:30~20:00
홈페이지 www.shinsegae.com

디자이너 슈즈 멀티숍 Designer Shoes Multishop

디자이너 슈즈 멀티숍은 다양한 국내 디자이너 슈즈 브랜드로 구성된 곳이다. 나무하나, 신, 왓아이원트, 레이크넨, 마비엥로즈, 바이언스, 플랫 아파트먼트 등 패션 피플에게 주목받는 7개의 브랜드로 구성되어 있다. 감각적인 디자인과 합리적인 가격대로 20~30대 여성에게 인기가 높다. 트렌드 변화에 맞춰 한 달 간격으로 20~30여 종의 신상품을 선보일 예정이다. 이곳에 입점된 각각의 디자이너는 시즌별로 카탈로그 영상을 제작, 상영함으로써 브랜드 콘셉트를 표현한다.

주소 서울 서초구 반포동 19-3번지 신세계백화점 강남점 신관 3층
전화 02-3479-1832
영업 시간 10:30~20:00
홈페이지 www.shinsegae.com

엘칸토 ELCANTO

엘칸토는 스타일리시한 페미닌 펌프스 대표 브랜드이다. 1955년 헤리티지를 바탕으로 모던 클래식 감성의 트렌디한 슈즈를 선보이기 시작했다. 프리미엄, 여성화, 남성화, 캐주얼 라인으로 구성된 토털 슈즈 브랜드이다.

최고의 장인이 직접 고객의 요청에 따라

엘칸토만의 특별 기술로 제작하는 맞춤 슈즈 서비스도 운영하고 있다. 명성에 걸맞게 이태리 수입 가죽과 홍창, 세련된 이태리식 라스트를 사용하여 최상의 품질을 만든다. 2012년 BI & CI 리뉴얼 등 리포지셔닝을 통해 기존 내셔널 브랜드 이미지에서 감각적인 디자이너 슈즈로 변화하고 있으며, 매 시즌 트렌드 변화에 맞춰 20여 종 이상의 페미닌 펌프스를 선보이고 있다.

톰 크루즈, 케빈 코스트너 등 할리우드 스타들이 사랑하는 100년 전통의 이태리 고급 수제화 브랜드인 로렌조 반피도 눈여겨보자.

회원으로 등록하면 다양한 이벤트와 세일 정보를 문자로 알려 준다. 매장에서는 종종 스페셜 이벤트와 패션 관련 행사가 열린다. 일정 및 제품 정보는 페이스북과 홈페이지를 통해 수시로 업데이트된다.

주소 서울 영등포구 영등포동 618-496 롯데백화점 영등포점 2층 / 서울 노원구 상계2동 713 롯데백화점 노원점 5층 / 부산 중구 중앙동 7가 20-1 롯데백화점 광복점 5층
전화 02-2164-5288(영등포점) / 02-950-2572(노원점) / 051-678-3574(광복점)
영업 시간 10:30~20:00
홈페이지 www.elcanto.co.kr / 페이스북 www.facebook.com/elcantoshoes

엘본더스타일 블랙 ELBON the style Black

희소성 높은 해외 디자이너의 구두를 만나 볼 수 있는 멀티숍으로 차별화된 상품 구성이 눈길을 끈다. 도회적인 멋이 물씬 풍기는 타비타 시몬스, 구조적인 디자인이 화려한 디에고 돌치니, 섬세한 커팅이 매력적인 에드문도 카스티요, 사랑스러운 루퍼트 샌더슨, 글래머러스한 브라이언 엣 우드 등 패션계가 주목하는 슈즈 브랜드가 궁금하다면 꼭 방문해 보자.

주소 서울 강남구 압구정동 515번지 갤러리아 백화점 명품관 동관 3층
전화 02-6905-3740
영업시간 11:00~21:00
홈페이지 www.elbon-the-style.com

라꼴렉씨옹 La Collection

라꼴렉씨옹은 유러피안 하이엔드 슈즈 멀티숍으로 르네 까오빌라, 지안비토 로시, 마크 제이콥스, 페드로 가르시아 등의 슈즈를 판매한다. 기본에 충실한 실용적인 제품과 특별한 날에 어울리는 오트 쿠튀르 슈즈가 골고루 갖춰져 있어 연령대에 상관없이 좋은 반응을 얻고 있다.

주소 서울 강남구 압구정동 429번지 현대백화점 본점 2층/ 서울 양천구 목 1동 916번지 현대백화점 목동점 2층/ 서울 강남구 압구정동 515번지 갤러리아백화점 명품관 동관 3층

전화 02-3438-6168(현대백화점 본점) / 02-2163-1292(현대백화점 목동점) / 02-6905-3775(갤러리아백화점 압구정점)

영업 시간 10:30~20:00

홈페이지 kr.bluebellgroup.com

마놀로 블라닉 Manolo Blahnik

마놀로 블라닉은 여성의 발과 감성을 완벽하게 이해하는 디자이너이다. 우아한 미드 힐 펌프스와 메리 제인 슈즈, 주얼리 장식의 웨딩 슈즈는 여자라면 누구나 탐내는 아이템이다. 마놀로 블라닉 슈즈를 신으면 환상적인 실루엣과 편안한 착용감에서 장인의 손길을 느낄 수 있을 것이다.

주소 서울 서초구 반포동 19-3번지 신세계백화점 강남점 본관 2층/ 서울 강남구 압구정동 429번지 현대백화점 본점 2층/ 서울 강남구 압구정동 515번지 갤러리아백화점 명품관 동관 3층
전화 02-3479-6008(신세계백화점 강남점) / 02-3438-6168(현대백화점 본점)/ 02-3443-2113(갤러리아백화점 압구정점)
영업 시간 10:30~20:00
홈페이지 www.manoloblahnik.com

DeSigner boUtiQue

슈어 마니아들이 즐겨 찾는
개성 있는 슈즈 천국
디자이너 부티크

규모는 작지만 개성적인 디자인의 슈즈를 다양하게 만나 볼 수 있는 단독 매장이다. 인테리어와 디스플레이에서 브랜드의 개성을 느낄 수 있다. 때때로 열리는 특가 세일을 놓치고 싶지 않다면 브랜드 홈페이지를 수시로 확인하고 이메일이나 문자 메시지 서비스를 신청한다.

지미 추 Jimmy Choo

지미 추는 섹시함을 럭셔리하고 세련되게 표현할 줄 아는 브랜드이다. 매장에 들어서면 깃털과 반짝이는 크리스털로 장식된 파티 슈즈가 시선을 사로잡는다.

한 켤레로 다양한 분위기를 내고 싶다면 24:7 라인을 눈여겨 보자. 24:7 라인은 24시간, 7일 동안 시간과 장소에 구애받지 않는 멀티 슈즈라는 뜻이다. 디자인이 베이식하고 다른 라인보다 가격이 20퍼센트 정도 저렴하다. 매장을 방문해 고객 리스트를 작성하면 문자로 세일 일정을 알려 준다.

주소 서울시 강남구 신사동 630-21번지 도산공원점
전화 02-3443-4570
영업 시간 11:00~20:00(일요일 휴무)
홈페이지 jimmychoo.com

146

체사레 파치오티 Cesare Paciotti

체사레 파치오티의 슈즈는 날카로운 단검처럼 관능적이다. 여성화를 비롯해 남성화와 캐주얼 스니커즈 라인 4US로 구성되어 선택의 폭이 넓다. 매장에서는 종종 스페셜 이벤트와 패션 관련 행사가 열린다. 일정은 블로그를 통해 수시로 업데이트된다.

주소 서울시 강남구 청담동 83-14번지
전화 02-545-8757
영업 시간 11:00~20:00
홈페이지 www.cesare-paciotti.com/ 블로그 lovepaciotti.blog.me

슈콤마보니 Suecommabonni

국내 1세대 디자이너 슈즈 브랜드인 슈콤마보니는 방송 협찬이 많아 연예인 슈즈로도 통한다. 최근에 강세를 보이는 아이템은 한가인, 고소영, 공효진, 한예슬 등이 방송에서 신고 나온 워커 스타일 부츠이다. 국내는 물론 해외에서도 반응이 좋아 홈페이지에서 쿠폰을 출력해 오는 중국, 일본 관광객에게 10퍼센트 할인 혜택을 제공한다.

30퍼센트 할인 코너는 청담점에서만 만나 볼 수 있다. 최대 90퍼센트의 할인을 진행하는 패밀리 세일은 1년에 2~4번 청담점, 가로수길점, 삼청점에서 열린다.

주소 서울 강남구 청담동 96-1 지하 1층(청담점) / 서울 강남구 신사동 535-17 2층(신사점) / 서울 종로구 화동 72번지(삼청점)
전화 02-3443-0217(청담점) / 02-511-1868(신사점) / 02-737-9637(삼청점)
영업 시간 월~토요일 11:00~20:00, 일요일 1:00~20:00
홈페이지 www.suecommabonnie.com

바바라 Babara

바바라는 발레 플랫 슈즈의 대명사이다. 편한 착화감과 로맨틱한 감성으로 플랫 슈즈
마니아들에게 많은 사랑을 받는 브랜드이다. 크리스털로 장식한 바바라 크리스틴 라인
을 추천한다. 엄마와 아이가 함께 신을 수 있는 키즈&베이비 슈즈도 인기가 많다.
홈페이지를 방문하면 다양한 이벤트 소식을 알 수 있다. 특히 한 달 간격으로 진행되는
'스타 천 원 경매'는 기부도 하고 스타 친필 슈즈도 받을 수 있는 절호의 기회이다.

주소 서울 강남구 신사동 533-13번지(가로수길점)
전화 02-542-6557
영업 시간 11:00~22:00
홈페이지 www.babaraflat.co.kr

도나 보보스 <small>Donna Bobos</small>

도나 보보스는 고급스러운 소재와 색감을 통해 개성 있는 슈즈를 선보인다. 장식을 배제한 모던한 디자인이 주를 이룬다. 톤 다운된 컬러의 여성스러운 디자인을 선호한다면 N28호를, 튀는 컬러의 트렌디한 슈즈를 원한다면 R04호를 추천한다. 고객 리스트를 작성하면 다양한 프로모션과 세일 정보를 문자로 알려 준다.

주소 서울시 강남구 삼성동 159번지 지하 1층 코엑스몰 R04, N28호
전화 02-6002-0055(R04호) / 02-6002-3344(N28호)
영업 시간 10:00~20:00

쉐 에보카 Che Evoca

쉐 에보카는 세련된 도시 여성에게 자신감을 불어넣는다는 콘셉트의 브랜드이다. 소재 선택부터 가공까지 최고를 지향한다. 이탈리아 수입 가죽과 홍창(가죽으로 만든 슈즈창. 가볍고 유연하며 착화감이 좋다), 오리지널 스택 힐을 사용해 최상의 품질을 만든다. 뱀피, 타조피, 송치 등의 특피 소재 슈즈는 특히 눈여겨봐야 할 아이템이다. 나만의 슈즈를 꿈꾸는 고객을 위해 맞춤 슈즈 서비스도 운영한다.

주소 서울시 강남구 청담동 93-3번지 1층
전화 02-547-0091
영업 시간 10:30 ~ 19:30(일요일 휴무)

슈즈 박 Shoes Park

슈즈 박은 38년간 슈즈 디자인을 해 온 박대섭 대표의 노하우가 고스란히 녹아 있는 맞춤 수제화 숍이다. 연예인, 시상식 등 트렌디한 슈즈와 승마 부츠, 바이커 부츠까지 다양한 종류의 슈즈를 제작한다. 합리적인 가격과 뛰어난 품질로 국내는 물론 해외에도 단골 손님이 많다. 매장 한 쪽 벽면을 뒤덮은 유명인사들의 사인과 사진을 보는 재미도 쏠쏠하다. 개성 만점 수제화를 원한다면 꼭 방문해 보자.

주소 서울시 용산구 이태원동 56-21번지
전화 02-792-0803
영업 시간 10:00~19:00(둘째 화요일 휴무)

MuLtishOp

국내외 트렌디한 슈즈가 가득한
패션 피플의 잇 스토어
편집숍

독특한 슈즈를 원한다면 편집숍으로 가 보자. 해외의 뜨는 신진 디자이너 브랜드나 국내 미유통 브랜드를
취급하기 때문에 상품의 회전이 빠르고 트렌디하다.

긱샵 Geek shop

긱샵은 독특하고 위트 있는 캐주얼 슈즈를 선보이는 곳으로 신개념 편집숍을 지향한다.
쇼핑뿐만 아니라 영화, 음악 등의 문화를 즐길 수 있으며, 디스플레이와 인테리어에서
아기자기한 재미를 느낄 수 있다. 실내외에서 착용 가능한 니트 소재의 프랑스 슈즈 브
랜드인 꼴레지앙, 덴마크의 부츠 브랜드 러버덕, 퓨마의 프리미엄 스니커즈 라인인 트
레통 등 다양한 브랜드의 슈즈를 선보인다.

주소 서울시 강남구 신사동 536-16번지 진형빌딩 1층
전화 02-544-1505
영업 시간 11:00∼22:00
홈페이지 www.geekshop.co.kr

달링유 Darling you

인기 있는 온라인 쇼핑몰 달링유의 오프라인 매장이다. 비비안 웨스트우드를 비롯해 필립 플레인, 알렉산더 맥퀸, 질 샌더 등의 핫한 컨템퍼러리 브랜드가 많은 곳이다. 정식 수입 절차를 걸친 정품만 판매한다.

최대 80%의 할인율로 진행하는 세일 코너에서는 득템의 행운도 노려볼 수 있다. 때때로 열리는 패밀리 세일 정보도 놓치지 말자.

주소 서울시 강남구 신사동 532–1번지 1~2층
전화 02–516–4914
영업 시간 월~토요일 11:00~21:00, 일요일 13:00~20:00
홈페이지 www.darlingyou.com

블러쉬 BLUSH

유럽과 일본 브랜드 중심의 독특한 아이템이 많은 곳이다. 시즌마다 전개하는 브랜드
가 조금씩 다르지만 주로 디자인이 독특한 무채색 계열의 슈즈를 수입한다. 블러쉬에
가면 시저스 모리슨, 오프닝 세레모니를 비롯해 요즘 핫 이슈로 떠오른 신생 브랜드 비
온다 카스타냐를 만날 수 있다. 회원으로 등록하면 신상품 입고와 세일 정보를 문자로
발송해 준다.

주소 서울시 강남구 신사동 648-25번지 1층
전화 02-542-8328
영업 시간 월~토요일 12:00~17:00, 일요일 2:00~17:00

퍼블리시드 PUBLISHED

퍼블리시드는 패션 피플 사이에서 트렌드를 리드
하는 곳으로 유명하다. 브랜드 자체의 인지도보다
는 경쟁력 있는 제품으로 차별성을 꾀한다.
퍼블리시드에서 눈여겨봐야 할 잇 아이템은 피에
르 아르디의 컬러풀한 스니커즈와 처치스 옥스퍼
드 슈즈이다. 두 번의 컬렉션만으로 뜨거운 반응
을 이끌어 낸 아쿠아 주라의 섹시한 하이힐도 놓
치지 말자. 홈페이지에 연재되는 바잉 다이어리를
통해 생생한 제품 정보를 알 수 있다.

주소 서울시 강남구 신사동 647번지
전화 02-543-2799
영업 시간 동절기 11:00~20:00, 하절기 11:00~20:30
홈페이지 www.published.co.kr

슈퍼 노말 SUPER NORMAL

슈퍼 노말은 희소성 있는 컬렉션을 선보이는 편집숍으로 대중화된 명품에 싫증을 느낀 고객들의 요구를 만족시킨다. 이탈리아 명품 슈즈 브랜드인 주세페 자노티를 비롯해 이국적인 특피 소재로 유명한 뉴욕의 데비 크로엘도 만날 수 있다.

홈페이지와 트위터, 블로그를 방문하면 일 년에 한 번씩 셀러브리티와 함께 진행하는 바자회와 패밀리 세일 정보를 얻을 수 있다.

주소 서울시 강남구 청담동 80-1번지
전화 02-511-0991
영업 시간 월~토요일 10:00~20:00, 일요일 11:00~19:00
홈페이지 www.supernormal.co.kr / 트위터 @SuperNormal_ / 블로그 http://blog.naver.com/suno_eun

톰 그레이하운드 다운스테어 Tom-greyhound-downstairs

톰 그레이하운드 다운스테어는 젊고 자유로운 감성을 지닌 신진 디자이너 브랜드의 제품들로 가득한 곳이다. 합리적인 가격대의 톡톡 튀는 키치한 아이템은 물론 닥터 마틴 워커와 아디다스 오리지널처럼 유명한 디자이너와 협업한 희소성 있는 캐주얼 슈즈도 많다.

주소 서울시 강남구 신사동 650-14번지 B1층
전화 02-3442-3696
영업 시간 평일 11:00~20:00, 토, 일요일 12:00~20:00
홈페이지 http://tomgreyhounddownstairs.com

엘본더스타일 ELBON the style

다양한 제품을 선보이는 국내 최대 액세서리 편집숍이다. 중간 단계를 거치지 않고 직접 수입함으로써 10~15퍼센트 할인된 가격으로 판매한다. 베스트셀러는 물론 잘 알려지지 않은 브랜드와 스페셜 컬렉션도 소개한다.

뉴욕 라이프 스타일 브랜드 토리 버치와 합리적인 가격의 로사문다, 모스키노와 카르텔이 협업한 젤리 슈즈 바우와우, 앙증맞은 친환경 베이비 슈즈 앙뉴 등 패션 피플들의 잇 아이템이 포진해 있다. 오프라인 매장과 연계된 온라인 쇼핑몰도 있다.

주소 서울시 강남구 신사동 530-5번지
전화 02-547-9700
영업 시간 11:00~21:00
홈페이지 www.elbon-the-style.com

Tip. 국내외 대세는 스파 브랜드
스파 브랜드는 새로운 상품의 신속한 공급과 저렴한 가격을 앞세워 패스트 패션을 선도한다. 해외 브랜드인 자라, 망고, H&M의 성공에 힘입어 국내에서는 제일모직에서 에잇세컨즈라는 스파 브랜드를 런칭했다. 스파 브랜드에서 쇼핑할 때는 오랫동안 입을 클래식 아이템보다는 트렌디한 아이템을 골라 한철 정도 신나게 즐기는 편이 현명하다.

 **Market**

예쁘고 저렴한 슈즈가 가득한
트렌디 슈즈 메카
동대문 시장

시장 쇼핑의 성패는 얼마나 발품을 들이냐이다. 싸다고 이것저것 무턱 대고 사는 것은 금물이다. 시장에서 쇼핑할 때는 여러 매장에서 제품을 비교한 뒤 신중하게 구매해야 한다. 카드를 받지 않는 곳도 있으니 현금을 준비하는 것이 좋다. 교환과 환불 여부를 확인하고 영수증도 꼼꼼히 챙긴다. 개장 시간과 휴점일을 미리 확인한다.

동대문 누죤 4층

예쁘고 저렴한 수제화로 유명한 곳이다. 가격대는 펌프스가 10만 원, 앵클부츠가 15만 원, 롱부츠가 20만 원 안팎이다. 지방에서 올라오는 도매상인이 많아 오후 8시부터 다음 날 아침 8시까지 영업한다. 특히 루이스 제니와 모노 버튼을 추천한다.

주소 서울시 서울 중구 신당동 200—5번지
전화 02—6366—3110
영업 시간 20:00~다음날 8:00(토요일 8:00~일요일 20:00까지 휴무)
홈페이지 www.nuzzon.co.kr

루이스 제니 Louis Jennie

루이스 제니는 컬러풀한 색상과 특피 무늬 소재를 사용해 과감한 디자인을 선보이는 곳이다. 10년간의 노하우를 바탕으로 모든 슈즈를 자체 공장에서 생산한다. 발을 편하게 받쳐 주는 쿠션은 독자적으로 개발한 루이스 제니만의 자랑거리이다.

높은 인기 덕분에 누죤 안에서만 4개의 매장을 운영하고 있다.

주소 서울시 서울 중구 신당동 200-5번지 누죤 4층 131, 132호
전화 02-6366-5544
영업 시간 20:00~다음날 8:00(토요일 8:00~일요일 20:00까지 휴무)
홈페이지 cocomui.com/shop/main/index.php

모노 버튼 Mono Button

심플한 베이식 슈즈를 찾는다면 모노 버튼을 추천한다. 착용감이 좋은 미드 힐과 하이
힐 슈즈가 많다. 쓸데없는 장식을 배제해 단가를 낮추는 대신 질 좋은 가죽을 선택해
품질을 높였다.

무난한 블랙과 베이지 계열의 펌프스는 세련되게, 파스텔톤 토 오픈 슈즈는 사랑스럽
게 연출하기 좋다. 누죤 안에 콘셉트가 다른 3개의 모노 버튼 매장이 있다.

매장 위치 서울시 서울 중구 신당동 200-5번지 누죤 4층 709호
전화 02-6366-5455
영업 시간 20:00~다음날 8:00(토요일 8:00~일요일 20:00까지 휴무)

Out-LEt

알짜배기 상품을 365일 할인된 가격에
판매하는 알찬 슈즈 스토어
아웃렛

좋은 품질의 아이템을 할인된 가격에 구매할 수 있다. 대부분 시즌 오프 제품을 판매하므로, 아웃렛에서 쇼핑할 때는 유행을 타지 않는 클래식한 디자인을 고르는 것이 좋다. 할인 폭이 클수록 교환과 환불이 불가능한 경우가 많으니 구매 전에 꼼꼼히 확인한다.

파주 프리미엄 아웃렛 슈콤마보니 Suecomma Bonnie

신세계에서 운영하는 파주 프리미엄 아웃렛의 슈콤마보니는 넉넉한 물량과 두 달에 한 번씩 진행하는 할인 행사가 장점이다. 파주 프리미엄 아웃렛에서 70만 원 이상 구매하고, 20만 원이 넘는 슈즈를 사면 추가로 5퍼센트 할인해 준다. 2층의 인포메이션 센터에서 쿠폰을 꼭 챙긴다. 홈페이지에 전 품목 50퍼센트 할인 행사, 균일가전, 추가 할인 행사 등의 소식을 공지한다.

주소 경기도 파주시 탄현면 법흥리 1790-8번지 820호
전화 031-8071-7246
영업 시간 월~목요일 10:00~20:00/ 금~일요일, 공휴일 10:00~21:00
홈페이지 www.premiumoutlets.co.kr/paju

여주 프리미엄 아웃렛 분더샵 Boon the Shop

알렉산더 맥퀸, 마틴 마르지엘라의 슈즈를 최대 85퍼센트 할인된 가격으로 판매한다. 먼 거리에서 찾아온 슈어 홀릭들의 노고에 보답이라도 하듯이 다양한 제품군을 파격적인 할인가로 판매한다. 신상품은 시즌이 바뀌는 3월 초와 9월 초에 입고된다. 주말은 혼잡하고 수량이 적으니 가능하면 평일에 방문한다.

주소 경기도 여주군 여주읍 상거리 460번지 1212호
전화 031-880-1371~2
영업 시간 일~금요일 10:00~20:00 / 토요일 10:00~21:00
홈페이지 www.premiumoutlets.co.kr/yeoju

블러스 Blus

블러스는 크리스찬 루부탱, 세르지오 로시, 로저 비비에르 등의 명품 슈즈를 50~80퍼센트까지 할인된 가격으로 판매하는 분더샵 아웃렛 매장이다. 10~20퍼센트 추가 할인해 주는 스팟 세일도 놓치지 말 것. 정기적으로 새로운 제품이 들어오는 매주 화요일에 방문하면 더 많은 아이템을 확보할 수 있다. 매장을 자주 방문하고 마음에 드는 물건은 바로 구매하는 것이 득템을 위한 지름길이다.

주소 서울시 강남구 신사동 631-25번지 2층
전화 02-542-8420
영업 시간 11:00~20:00

일모 Ilmo

10 꼬르소 꼬모의 아웃렛 매장으로 아제딘 알라이아, 니콜라스 커크우드, 타비타 시몬스 같은 감각 있는 브랜드의 슈즈가 가득하다. 한 시즌이 지난 제품은 50퍼센트, 두 시즌이 지난 제품은 최대 70~80퍼센트까지 할인 판매한다. 고객 정보를 등록하면 새로 입고되는 제품 입고 날짜와 균일가 행사 일정을 알 수 있다.

주소 서울시 강남구 신사동 535-13번지
전화 02-515-0970
시간 11:00~21:00

FAmil**Y** S**A**le
최대 90퍼센트의 할인율
패밀리 세일

소수의 고객에게 한정되던 패밀리 세일이 점차 대중화되고 있다. 최대 90퍼센트에 이르는 파격적인 할인율로 진행하는 곳도 있다. 패밀리 세일의 핵심은 정보력이다. 패밀리 세일을 통해 평소 갖고 싶어 하던 브랜드의 슈즈를 득템하고 싶다면 카페와 사이트를 통해 세일 스케줄과 초대장 발부 여부를 확인한다. 대략적인 예산과 아이템을 정해 물량이 많은 첫날과 할인율이 높은 마지막 날을 노려야 실패가 적다. 교환, 환불이 되지 않는다.

패밀리 세일 카페 `cafe.naver.com/famsale`

팸셀(패밀리 세일) 고수들의 쇼핑 비법이 담긴 사이트이다. 실시간으로 올라오는 세일 정보와 구매 후기를 보면 구매욕이 자극될 정도로 파격적인 할인 혜택이 많다. 회원들끼리 구매 대행을 하거나 팸셀로 구매한 제품을 판매하기도 한다. 수시로 제공되는 스페셜 이벤트와 쿠폰도 눈여겨보자.

캘린덕 `http://calenduck.com`

달력으로 한눈에 볼 수 있는 패밀리 세일 정보를 제공한다. 페이스북과 트위터, 스마트폰 유저를 위한 앱 버전도 있다. 하루 전이나 당일에 일정이 정해지는 세일 정보까지도 빠르게 업데이트된다.

> **Tip. 면세점에서 누리는 할인 혜택**
> 공식적으로 가장 할인율이 높은 시즌 세일은 여름과 겨울, 단 두 번이지만 비정기적인 시즌 오프 세일이 수시로 열리므로 거의 일년 내내 할인받을 수 있다. 즉석에서 카드를 발급해 추가 할인과 적립금을 챙기고 쿠폰을 활용하자. 결혼을 앞두고 있다면 웨딩 클럽에 가입하자. 단번에 VIP 회원이 될 수 있다.

ONLine SHopPiNg MAll

클릭 하나로 즐기는 해외 쇼핑

해외 슈즈 온라인 쇼핑몰

온라인 쇼핑은 파격적인 접근성이 장점인 반면 직접 신어 볼 수 없어 정확한 사이즈 선택이 어렵다. 따라서 사진을 맹신하기보다는 제품 설명을 꼼꼼히 읽어야 한다. 다른 사람의 구매 후기를 참조하거나 판매자에게 문의하는 것도 좋은 방법이다. 해외 인터넷 쇼핑은 제품 구매가와 배송료를 합쳐 15만 원이 넘으면 세금을 내야 한다. 각기 다른 사이트에서 제품을 구매했더라도 국내에 물건이 같은 날 도착하면 합산된 총액에 비례해 세금이 부과되니 주의한다.

샵밥 Shopbop `www.shopbop.com`

샵밥은 국내에서 보기 어려운 희소성 있는 아이템과 연중 진행되는 세일이 매력적이다. 특히 50~70퍼센트 할인 코너를 눈여겨보자. 종종 레드 발렌티노, 장 미셸 카자밧과 제프리 캠벨의 슈즈가 저렴한 가격에 올라온다. 운이 좋다면 주세페 자노티의 슈즈를 득템할 수도 있다. $100 이상 구매하면 무료로 배송해 준다.

리볼브 클로싱 Revolove Clothing `www.REVOLVEclothing.com`

다양한 제품군이 갖춰진 리볼브 클로싱에는 합리적인 가격대에 참신한 디자인을 선보이는 돌체 비타, 캘시 대거와 컬러풀한 젤리 슈즈 멜리사가 입점해 있다. 최대 70퍼센트 할인 가능한 세일 코너와 트렌드를 짚어 주는 '에디터스 픽' 코너를 구경하는 재미도 쏠쏠하다. $100 이상 구매 시 일주일 만에 도착하는 국제 배송료가 공짜이다.

아소스 asos `www.asos.com`

아소스는 합리적인 가격의 중저가 디자이너 브랜드가 포진한 영국 쇼핑 사이트이다. 저렴한 자체 브랜드와 항시 진행되는 세일 덕분에 인기가 많다. 배송은 가격에 상관없이 무료이지만 오래 걸리고 분실의 위험이 있다.

INTERNATIONAL SHOPPING

홍콩, 뉴욕, 이태리로 떠나는 슈즈 트래블
해외 슈즈 쇼핑

해외 쇼핑은 일 년에 두 번 있는 여름, 겨울 정기 세일 시즌을 노려야 득템의 즐거움을 누릴 수 있다. 세일 초반부에는 할인율이 작지만 사이즈나 디자인이 다양하다. 세일이 끝날 무렵에는 최대 90퍼센트까지 저렴하지만 물량은 많이 줄어든 상태이다. 각 나라마다 사이즈 표시가 다르므로 미리 확인한다.

면세 쇼핑 천국
홍콩 Hongkong

홍콩은 도시 전체가 면세 지역인 쇼핑의 천국이다. 6월 말부터 8월 초, 12월 말부터 2월 초에 시즌 세일을 진행한다. 특히 12월에서 1월 중순은 큰 할인율을 자랑하는 메가 세일 기간이다. 수입 브랜드의 아시아 본사가 모여 있어서 신상품 업데이트가 빠르다. 국내 신상품이 홍콩에서는 재고품으로 팔리는 경우가 종종 있다.

시티 게이트 아웃렛 City Gate Outlets

시티 게이트 아웃렛에는 발리, 버버리, 케이트 스페이 등 다양한 브랜드가 입점해 있다. 나이키, 퓨마, 뉴발란스의 스포츠 풋 웨어는 국내에 비해 저렴하고 예쁜 디자인이 많다. 공항과 가까워서 출국하기 전에 마지막 쇼핑을 즐기기 좋다.

주소 20 Tat Tung Road, Tung Chung, Lantau, HongKong(MTR 통총역 C 출구)
전화 852-2109-2933
영업 시간 10:00~22:00
홈페이지 www.citygateoutlets.com.hk

호라이즌 플라자 아웃렛 Horizon Plaza Outlets

호라이즌 플라자에는 층별로 여러 개의 아
웃렛 매장이 입점해 있다. 대표적인 곳은 21
층의 조이스와 25층의 레인 크로포드이다.
조이스는 홍콩 최대 규모의 명품 브랜드 편
집숍으로 마르니, 크리스찬 루부탱, 발렌시
아가, 페라가모의 슈즈를 40~60퍼센트 할인
된 가격에 구입할 수 있다. 레인 크로포드는 고급 백화점으로 대규모 슈즈 컬렉션을 갖
추고 있다.

주소 Horizon Plaza, Ap Lei Chau, Lee Nam Road
전화 852-2814-8313
영업 시간 화~토요일 10:00~18:00 / 일요일, 공휴일 12:00~18:00(월요일 휴무)

스페이스 Space

프라다와 미우미우의 제품을 30~70퍼센트
할인된 가격에 만날 수 있는 단독 아웃렛 매
장이다. 가격대는 저렴하지만 평범한 디자인
이 많다. 인기 있는 제품은 빨리 품절되니 오
전에 일찍 방문하는 것이 좋다.
호라이즌 플라자에서 셔틀 버스로 이동하는
코스를 추천한다.

주소 2/F Marina Square(East Wing), South Horizons, Ap Lei Chau
전화 852-2814-9576
시간 화~토요일 10:00~18:00 / 일요일, 공휴일 12:00~18:00(월요일 휴무)

뉴욕 New York

뉴욕의 여름 세일은 6월 말부터 8월 초까지, 겨울 세일은 11월 말부터 1월 중순까지 이어진다. 특히 추수감사절 다음 날인 블랙 프라이데이 빅 세일이 유명하다. 연말이 가까워질수록 세일 폭이 점점 커져 1월 중순에는 90퍼센트까지 할인이 가능하다.

110달러가 넘는 슈즈에는 8,626퍼센트의 세금이 붙는다. 뉴욕 쇼핑 숍들은 교환과 환불에 너그럽지만 파이널 세일은 예외이니 꼼꼼히 확인한다.

우드버리 커먼 프리미엄 아웃렛 Woodbury Common Premium Outlets

뉴욕 외곽에 위치한 우드버리 커먼 프리미엄 아웃렛은 하루에 둘러보기 벅찰 정도로 수많은 브랜드를 보유하고 있다. 추천할 만한 매장은 살바토레 페라가모, 지미 추, 토즈 등 명품 브랜드와 합리적인 가격대의 콜 한, 제옥스이다. 인터넷 VIP 쇼퍼 클럽에 가입하면 추가 할인 혜택을 받을 수 있다. 쇼트 라인 버스를 이용하는 승객에게는 디스카운트 쿠폰 북을 증정한다.

주소 498 Red Apple Court, Central Valley, NY 10917
전화 845-928-4000
영업 시간 10:00~21:00
홈페이지 www.premiumoutlets.com

DSW 디자이너 슈 웨어하우스 DSW Designer Shoe Warehouse

DSW 디자이너 슈 웨어하우스는 방대
한 규모의 슈즈 아웃렛이다. 디자인과
가격대가 다양해 선택의 폭은 넓다. 슈
즈를 종류별로 진열해 놓아 원하는 스
타일을 찾기 쉽다.

매장 벽면에 사이즈별로 모아 놓은 '클
리어런스 세일' 코너도 눈여겨보자.

주소 40 East 14th Street New York, NY 10003
전화 212-674-2146
영업 시간 월~토요일 10:00~21:30 / 일요일
10:00~20:00
홈페이지 www.dsw.com

tip. 클리어런스 세일
재고 정리를 위한 매출이란 뜻으로, '창고 정리
염가 판매 세일'이라고 할 수 있다. 보통 재고품
을 파악해서 행해지기 때문에 시즌을 마감할
때 가장 할인율이 크다.

센추리 21 Century 21

센추리 21은 유럽 디자이너 브랜드를 파격적인 가격에 만나볼 수 있는 곳이다. 단, 할

인율이 큰 물건일수록 제품에 하
자가 있을 수 있으니 꼼꼼히 살펴
보고 고른다. 영수증에 찍힌 할인
가격을 보면 뿌듯한 기분을 주체
할 수 없을 것이다.
슈즈 매장은 의류 매장과 떨어져
있다.

주소 22 Cortlandt Street New York, NY 10007
전화 212-227-9092
영업 시간 월~수요일 7:45~21:00 / 목, 금요일 7:45~21:30 / 토요일 10:00~21:00 / 일요일 11:00~20:00
홈페이지 www.c21stores.com

Tip. 뉴욕의 샘플세일

뉴욕 쇼핑의 또 다른 묘미는 샘플 세일이다. 좋은 제품을 싸게 사려는 사람들이 몰려 치열한 쟁탈전이 벌어지지만 저렴한 가격에 좋은 물건을 득템할 수 있다. 샘플 세일 일정은 아래의 사이트에서 확인할 수 있다.

http://nymag.com
http://dailycandy.com

명품 브랜드 쇼핑 천국
이탈리아 Italy

이탈리아에 있는 명품숍들은 도시마다 세일 기간이 다르지만 대개 7월 초순과 1월 초순에 시작한다. 이 시기에는 쇼핑을 위해 나온 사람들로 인산인해를 이룬다. 유럽은 세금 환급 제도가 발달해 있으므로 텍스 프리 로고가 있는 가맹점에서 물건을 구입한다.

피렌체 더 몰 The Mall in Florence

구찌, 보테가 베네타, 아르마니, 토즈 등 명품 브랜드가 포진해 있다. 구찌 매장이 가장 커서 일명 '구찌 공장'으로 불린다. 기본적으로 시중가보다 50퍼센트 이상 저렴하며 약간 흠집이 있는 제품은 추가 할인을 받을 수 있다. 물건이 빨리 소진되므로 오전에 방문하는 것이 좋다.

주소 Via Europa 8, 50060 Leccio Reggello(FI), Italia
전화 055-8657-775
영업 시간 월~일요일 10:00~19:00
홈페이지 www.themall.it

밀라노 폭스타운 Fox Town of Switzerland

이탈리아의 스위스 국경쪽에 위치한 폭스 타운은 밀라노에서 기차로 1시간 거리에 있
다. 이곳에는 프라다, 구찌, 이브 생 로랑, 살바토레 페라가모같이 유명한 제품이 많다.
특히 페라가모와 이브 생 로랑에 예쁜 아
이템이 많은 편이다. 운이 좋다면 놀라운
가격에 득템할 수 있다.

주소 Via Angelo Maspoli 18, 6850 Mendrisio,
Switzerland
전화 848-828-888
영업 시간 월~일요일 11:00~19:00
홈페이지 www.foxtown.ch

베네치아 노벤타 Noventa di Piave

베네치아 외곽에 위치한 노벤타 아웃렛은 인파가 적어 쾌적한 쇼핑이 가능하다. 대표
적인 브랜드로는 세르지오 로시, 펜디, 프라다를 비롯해 이탈리아 로컬 슈즈 브랜드가
있다. 홈페이지를 방문하면 다양한 이벤트 일정을 볼 수 있다.

주소 Via Marco Polo, 1 30020 Noventa di Piave(VE),
Italia
전화 39-0421-5741
시간 월~일요일 10:00~20:00
홈페이지 www.mcarthurglen.it/noventadipiave

BOOK in BOOK

스타일리시한 룩을 연출하는 데 가장 중요한 것은 패션 이론보다
그 사람의 감각이다. 그러나 전체적인 룩을 좌지우지하는
슈즈를 매치할 때는 감각에만 의존할 수 없다.
슈즈의 컬러, 소재 등 기본적인 특징과 슈어홀릭들의
노하우를 알면 더 영민하고 센스있게 연출할 수 있다.

베이식 슈즈
가이드

01

Basic Shoes Guide

2% 다른 코디네이션의 첫걸음

컬러 슈즈
완전 정복

슈즈와 옷을 매치할 때 고려해야 할 중요한 요소는 바로 컬러이다. 쉽게 눈에 띄기 때문에 조금만 달라져도 전체적인 분위기가 바뀐다. 같은 슈즈라도 컬러 매치에 따라 차분해 보이기도 활기차 보이기도 하는 이유는 각각의 색으로부터 연상되는 이미지가 다르기 때문이다. 색이 전달하는 메시지를 제대로 이해한다면 감각적인 슈즈 스타일링의 반은 성공한 것이다.

12컬러에 맞는 슈즈 코디법

슈즈는 어떤 색을 지녔는지에 따라 느낌이 달라진다. 다양한 색 중에서도 채도가 높은 비비드 컬러는 경험과 문화적 배경 등에 의해 형성된 상징적인 의미가 뚜렷하다. 원하는 스타일을 정확하게 표현하려면 각각의 슈즈가 내포하는 색의 언어를 알아야 한다.

강렬한 포인트 컬러 아이템 레드 슈즈

레드 슈즈는 동적인 캐주얼룩이나 모던한 스타일에 포인트 컬러로 활용하기 좋은 아이템이다. 재단이 독특한 깔끔한 화이트 원피스에 강렬한 레드 컬러 펌프스를 신으면 시선을 집중시킬 수 있다. 부드러운 벨벳 소재를 선택하면 고급스러운 세련미를 더할 수 있다.

RED 정열과 에너지를 상징한다. 존재감이 강한 자극적인 색으로 외향적이고 호기심이 많은 성격에 어울린다.

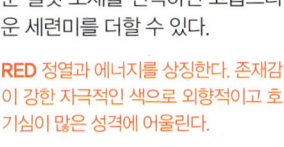

ⓒma vie en rose
징 장식이 박힌 레드 컬러 로퍼는 트렌디한 룩 시크 룩에 잘 어울린다.

ⓒTOMS Shoes
레드와 화이트가 교차하는 경쾌한 스트라이프 패턴은 가벼운 코르크 웨지 힐 슈즈에 잘 맞는다.

ⓒVINCE CAMUTO
비비드한 레드 컬러에 에나멜 소재가 더해지면 강렬한 분위기를 연출할 수 있다.

상큼한 페미닌 룩 아이템 오렌지 슈즈

오렌지 펌프스는 비비드 컬러 의상을 매치한 상큼한 페미닌 룩에 잘 어울린다. 노랑, 연두색처럼 느낌이 비슷한 유사색의 아이템과 매치하면 화사한 느낌이, 블루 계열의 보색을 활용하면 선명하고 화려한 분위기가 연출된다.

Orange 긍정적이고 친밀한 인상을 주기 때문에 사교적인 자리에 어울린다. 활력을 주고 태양과 카니발을 연상시키는 이국적인 느낌이 강하다.

ⓒTOWER
톡톡 튀는 오렌지 컬러 스니커즈는 에너지를 북돋워 준다.

ⓒKelsi Dagger
심플한 펌프스는 컬러에 시선을 집중시키면 강렬한 시각적 자극을 선사한다.

ⓒELCANTO
비비드한 오렌지 컬러와 에스파드리유 소재가 조화를 이루면 산뜻하고 시원해 보인다.

기분 전환을 위한 변신 아이템
옐로 슈즈

옐로 슈즈는 다크 그레이, 블랙처럼 짙은 모노톤 의상과 매치하면 세련되게 연출할 수 있다. 구조적인 커팅이 돋보이는 노란색 토 오픈 슈즈에 기하학적인 패턴의 원피스를 입으면 산뜻하고 모던하게 연출할 수 있다.

Yellow 명랑하고 발랄한 이미지이다. 반사력이 높고 팽창되어 보이는 효과가 있어서 시각적 인지도가 뛰어나다.

©CARVEN
톤 다운된 옐로 컬러의 스웨이드 플랫 슈즈에 리본이 더해지면 사랑스러워 보인다.

©Espadrij
화사한 옐로 에스파드리유 슈즈는 캐주얼룩에 잘 맞는다.

자연을 닮은 편안한 느낌
그린 슈즈

초록색 슈즈의 생동감을 활용하면 혁신적인 이미지를 표현할 수 있다. 날렵한 디자인과 은은한 광택 소재가 돋보이는 민트 컬러 펌프스는 미래 지향적인 느낌이 강하다. 여기에 올리브색 정장을 매치하면 싱그러움이 느껴지는 독특한 분위기를 연출할 수 있다.

Green 자연을 닮은 색으로 휴식, 평화, 차분함, 조화, 젊음, 편안과 성실함을 의미한다.

©Cesare Paciotti
밑단이 내추럴한 밀짚 소재로 된 청록색 옥스퍼드 슈즈는 자연의 싱그러움이 느껴진다.

©Topshop
펀칭 장식의 민트 컬러 가보시 힐 슈즈는 스포티해 보인다.

신뢰감을 주는 컬러
블루 슈즈

통찰력과 신뢰가 중요시되는 입사 면접이나 비즈니스 미팅에는 블루 슈즈가 잘 맞는다. 앙증맞은 블랙 리본이 달린 스카이 블루 컬러 샌들에 파스텔 톤 스트라이프 스커트를 매치하면 시원하고 깔끔해 보인다. 단정한 버튼 다운 블랙 셔츠로 포멀한 느낌을 살짝 덧입히면 캐주얼 비즈니스 룩이 완성된다.

Blue 시원함이 느껴지는 블루는 차분한 진정효과가 있다. 보수적인 동시에 합리적이고 진취적인 분위기를 풍긴다.

©Tretorn
블루 컬러 레인 부츠는 생동감이 느껴진다.

©Repetto
다크 네이비 컬러 슈즈는 클래식하다.

©ELCANTO
오션 블루 컬러 슈즈에 크리스털 장식이 더해지면 시크하고 고급스럽다.

176

개성 있는 패셔니스타의 컬러
퍼플 슈즈

퍼플 슈즈는 개성이 강하고 창조성이 뛰어난 예술계 종사자들이 선호하는 트렌디한 스타일에 제격이다. 다양한 베이지 톤 아이템을 활용한 옷차림에 퍼플 샌들로 포인트를 주면 컬러 감각이 돋보이는 패션이 완성된다. 여러 개의 굵은 스트랩이 교차하는 구조적인 디자인의 샌들은 세련미를 더한다.

Purple 퍼플은 예로부터 품위 있는 고귀함의 대면사로 여겨졌다. 신비롭고 우아하지만 슬프고 외로워 보이기도 한다.

©BRIAN ATWOOD
가는 끈으로 발목을 돌려 묶는 레이스 업 부티는 신비한 분위기를 낸다.

©Roger Vivier
꽃 장식이 달린 퍼플 컬러 샌들은 우아함의 극치이다.

키스를 부르는 사랑스러움
핑크 슈즈

핑크 슈즈는 부드럽고 섬세한 페미닌 룩에 제격이다. 가라앉은 그레이 톤의 원피스에 시선을 끄는 핫 핑크 펌프스를 신으면 사랑스러워 보인다. 원피스의 러플 디테일과 부드러운 저지 소재, 작은 액세서리가 핑크 펌프스와 어우러지면 한결 부드러워 보인다.

Pink_여성스러움의 극치인 핑크는 로맨틱하다. 사랑의 감정을 불러일으켜 정서를 안전시키고 행복을 느끼게 한다.

©ELCANTO
핫 핑크 에나멜 소재에 금속 장식의 힐이 들어가면 페미닌하고 트렌디하다.

©Cesare Paciotti
과하지 않은 로맨틱함을 원한다면 작은 리본을 택한다.

Color Mixmatch
슈즈와 룩의 컬러 조합 **컬러 믹스 매치**

색상환은 색의 변화를 계열별로 묶어 동그란 모양으로 배열한 표이다. 가까이 위치한 유사색은 느낌이 비슷하지만 반대편에 마주 보는 보색은 상반된 분위기이다. 색상환에 배치된 색의 의미와 관계를 잘 알아 두면 다양한 컬러의 슈즈와 옷을 믹스 매치할 때 매우 유용하다.

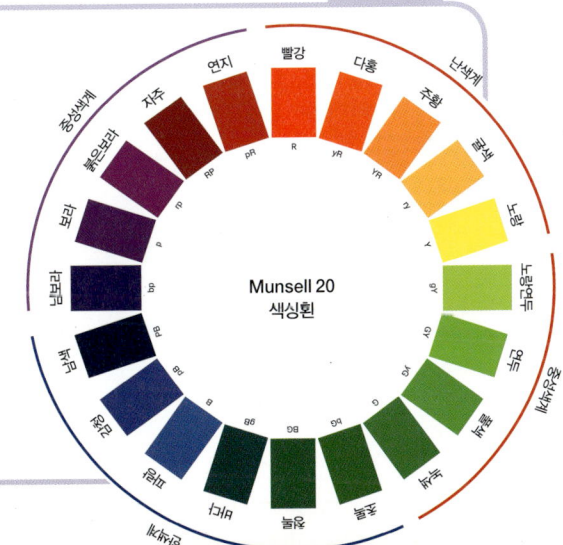

Munsell 20
색상환

품격이 다른 클래식한 멋
브라운 슈즈

브라운 슈즈는 품격 있는 클래식 룩에 어울린다. 다크 브라운 펌프스는 비슷한 색감의 스웨이드 재킷, 레더 숏 팬츠와 잘 어울린다. 의상, 클러치 백, 스타킹을 비슷한 컬러로 매치하면 세련되게 연출할 수 있다.

Brown 대지의 색인 브라운은 풍요로운 가을을 연상시킨다. 상대를 편안하게 감싸 주는 성숙한 온화함과 포용력이 특징이다.

©Chiara Ferragni

블링블링한 호사로움의 극치
골드 슈즈

이브닝 파티와 클럽처럼 특별한 날을 위한 스타일링에는 화려한 골드 슈즈를 추천한다. 1940년대 할리우드 배우를 연상케 하는 빈티지 글램 룩부터 현대적인 미니멀 룩에 이르기까지 다양한 패션에 블링블링함을 더할 수 포인트 아이템이다.

Gold 골드 컬러는 부의 상징이다. 반짝이는 화려함은 권위와 위압감, 신성함과 세속적인 탐욕, 진리와 속임수를 동시에 의미한다.

©Salvatore Ferragamo
자연스럽게 태닝된 갈색 가죽 로퍼는 프레피 룩에 잘 어울린다.

©Whistles Aimee
스택 힐의 내추럴한 분위기는 브라운 컬러의 편안한 느낌과 맥락을 같이 한다.

©ELCANTO
오톨도톨한 질감의 타조피 무늬와 가보시 디테일이 어우러지면 멋스럽다.

©Jimmy Choo
주얼리 장식의 골드 스트랩 샌들은 파티 퀸의 필수품이다.

©tabitha simmons by ELBON the style BLACK
톤 다운된 금색 부티는 고급스러움이 돋보인다.

©ma vie en rose
골드 컬러 로퍼는 화려하면서도 클래식하다.

그레이 슈즈는 수수하면서도 세련된 모던 시티 룩에 적합하다. 그레이 컬러 니하이 부츠는 신축성이 좋은 레깅스, 넉넉한 셔츠와 만나면 편안한 인상을 준다. 벨트를 헐렁하게 묶으면 자연스러움을 더할 수 있다. 차분한 느낌이 지나치면 침울해보이므로 주의한다.

Grey 화이트와 블랙이 섞인 그레이는 중립적이기 때문에 어떤 컬러와도 잘 어울린다.

세련된 중성색의 다정사
그레이 슈즈

©topshop
화이트 스트랩 샌들은 간결한 미니멀리즘을 대변한다.

©Marc by Marc Jacbos by La Collection
차분한 그레이 컬러는 자칫 유치해 보일 수 있는 디자인을 세련되게 풀어낸다.

ⓒChiara Ferragni

순결한 멋
화이트 슈즈

화이트 슈즈의 순백색 이미지를 자연스럽게 살리려면 다른 컬러가 살짝 섞인 오프 화이트를 선택하고, 저렴해 보이는 광택 소재를 피한다. 펀칭 레이스와 깃털이 달린 원피스같이 화려한 의상에는 장식이 배제된 심플한 펌프스를 신어 스타일의 강약을 조절한다.

White 화이트는 깨끗함의 표상으로 성스러운 예복이나 순결한 웨딩드레스에 쓰인다. 인위적인 부자연스러움과 텅 빈 공허함을 뜻하기도 한다.

고급스러운 멋
블랙 슈즈

블랙 슈즈는 스타일링할 때 가장 흔히 선택하는 무난한 색이다. 그러나 올 블랙 코디는 음산하고 답답해 보이기 쉬우니 컬러풀한 아이템을 활용해 화사함을 부여한다. 재킷과 슈즈의 색을 통일하거나 절개선이 길게 들어 간 컬러풀한 롱 스커트, 가는 발목을 강조하는 스트랩 샌들을 매치하면 세련된 스타일을 연출할 수 있다.

Black 도회적인 분위기가 물씬 풍기는 블랙은 고급스럽고 우아하다. 권위적인 힘과 엄숙함에서 묵직한 무게감이 느껴진다.

ⓒasos
화이트 컬러 통 샌들은 시원하고 깔끔한 인상을 준다.

ⓒOJour by La Collection
클래식한 블랙 토 오픈 슈즈는 우아한 레이디 라이크 스타일에 적합하다.

ⓒByeuuns
깨끗한 흰색 옥스퍼드 슈즈는 댄디한 매니시 룩에 제격이다.

ⓒByeuuns
블랙에 시크한 톱피 소재가 더해지면 고급스러움이 배가된다.

ⓒManolo Blahnik
핀턱 주름이 우아하게 잡힌 순백색의 웨딩 슈즈는 모든 신부의 로망이다.

ⓒELCANTO
블랙에 속가보시 슬림하게 들어가면 고급스러워 보인다.

톤에 따라 달라지는 슈즈 코디법

슈즈의 이미지는 톤에 의해 결정된다. 톤은 명도와 채도가 합쳐진 것으로 색의 명암과 농담, 강약을 의미한다. 톤이 밝고 흐릴수록 부드러운 인상을 주고, 어둡고 진할수록 딱딱한 인상을 준다. 의상과 슈즈의 색이 다양하더라도 톤을 맞추면 통일감이 느껴지는 연출이 가능하다.

©Chiara Ferragni

세련된 스타일링의 귀재
스트롱 톤 슈즈

화려함을 모던하게 풀어낸 룩에는 세련된 스트롱 톤 슈즈가 잘 어울린다. 청록색 스커트에 대비되는 퍼플 슈즈를 신으면 강렬하게 시선을 사로잡을 수 있다. 이때 셔츠와 트렌치 코트는 모노톤 컬러를 선택해야 시각적으로 강약을 조절함으로써 스타일의 조화를 이룰 수 있다.

Strong 스트롱 톤의 색감은 비비드 컬러에 중간 명도의 회색이 섞여 강하고 진하다. 살짝 탁한 느낌이 돌지만 채도가 높아서 눈에 잘 띈다.

©asos
채도가 낮은 오렌지 컬러 에 골드 체인이 더해지면 고급스러워 보인다.

©PALOMA BARCELO
톤 다운된 자주색에 스터드 장식이 더해지면 세련돼 보인다.

눈길을 사로잡는 쇼킹 컬러
비비드 톤 슈즈

비비드 톤 슈즈는 활동적인 스포츠 룩이나 키치한 팝 아트 스타일에 적합하다. 컬러풀한 스트라이프 패턴 원피스와 꽃 장식이 달린 옐로 T-스트랩 슈즈를 매치하면 1960년대 빈티지 무드를 연출할 수 있다. 여기에 컬러풀한 스타킹을 신으면 깜찍함이 배가된다.

Vivid 원색으로 이루어진 비비드 톤은 선명하고 화려하다. 시각적인 자극을 주어 시선을 집중시키는 효과가 뛰어나다.

©asos
스포티브한 옐로 스니커즈는 활력이 느껴지는 아이템이다.

©Charlotte Olympia
하트가 패치워크된 비비드 레드 펌프스는 경쾌한 팝 아트를 연상시킨다.

발랄하고 상큼한
브라이트 톤 슈즈

브라이트 톤 슈즈는 엣지 있는 세미 캐주얼 룩에 활용하기 좋다. 연두색 스커트에는 상큼함이 돋보이게 밝은 데님 셔츠와 허니 브라운 스웨드 부티를 매치한다. 동일한 색상의 슈즈와 가방, 벨트의 톤을 조금씩 달리하면 인위적이지 않은 자연스러운 패션을 완성했다.

Bright 브라이트 톤은 비비드 컬러에 화이트가 가미된 밝은 색으로 구성되어 있다. 선명하고 깨끗해서 명랑하고 상큼한 이미지 연출에 효과적이다.

©asos
브라이트 핑크 컬러는 보색인 블루와 매치하면 한층 강렬해 보인다.

©Sam Edelman
바다색을 닮은 터콰이즈 컬러는 여름철에 어울린다.

©Topshop
라임 컬러 슈즈는 눈길을 사로잡는 포인트 아이템이다.

딥 톤 슈즈

딥 톤 슈즈의 깊이 있는 색감은 파워풀한 고급스러움이 느껴지는 클래식 룩을 연출할 때 진가를 발휘한다. 무릎을 덮는 블랙 스커트와 발등을 드러내는 와인 컬러 부티는 우아하고 시크한 멋을 풍긴다. 올 블랙 의상이 심심해 보인다면 화려한 골드 벨트와 퍼 아우터처럼 독특한 소품을 적극 활용한다.

Deep 딥 톤은 비비드 톤과 검정이 혼합된 어두운 컬러군이다. 원색보다 명도와 채도가 낮아 수수하고 차분한 인상을 준다.

©parls3.blogspot.com

©LARNA
짙은 그린에 골드 라이닝이 들어가면 고급스러워 보인다.

©Cesare Paciotti
작은 참장식과 리본이 달린 플랫 슈즈는 우아하고 고급스럽다.

라이트 톤 슈즈

온화한 캔디 컬러가 주를 이루는 라이트 톤 슈즈는 로맨틱 페미닌 룩에 제격이다. 트위드 소재의 블루 원피스와 베이지 컬러 펌프스를 매치하면 서정적인 분위기를 연출할 수 있다. 누드 톤 슈즈를 신으면 다리가 길어 보이고 피부 톤이 한결 환해 보이는 효과가 있어 깔끔한 인상을 줄 수 있다.

Light 라이트 톤은 원색과 섞인 흰색의 비율이 브라이트 톤보다 높다. 옅은 수채화처럼 가볍고 보드라운 느낌 덕분에 감미롭고 사랑스러워 보인다.

©Chiara Ferragni

©I love monnica
튀는 옐로가 부담스럽다면 밝은 레몬 컬러를 택한다.

©asos
스킨 컬러 슈즈는 활용도 높은 잇 슈즈이다.

소프트 톤 슈즈

소프트 톤 슈즈는 다양한 스타일에 어울리는 은은한 분위기와 자연스러움이 특징이다. 잔잔한 퍼플 드레스와 옅은 황갈색 슈즈의 조합은 내추럴한 걸리시 룩에 잘 어울린다. 굽이 낮은 T-스트랩 샌들은 여성스럽고 편안해 보인다. 레드 브라운 숄더백을 포인트 아이템으로 활용하면 활기찬 느낌의 스타일링이 된다.

Soft 소프트 톤에 해당하는 컬러는 라이트 톤보다 어두운 중간색이다. 지나치게 밝지도 어둡지도, 옅지도 진하지도 않아 부담스럽지 않고 무난하다.

©MUSA
내추럴한 브라운 샌들은 활용도가 높다.

©b-Store by Darling You
성긴 마 직물의 소프트 톤 색감과 코르크 굽의 내추럴함이 편안한 분위기를 연출한다.

©Laura Eliner

⭐ 아늑한 자연의 품속 같은
덜 톤 슈즈

덜 톤 슈즈는 선명함이 배제된 고상한 이미지를 주고자 할 때 활용하기 좋은 아이템이다. 짙은 그린과 다양한 톤의 블루 컬러가 믹스매치된 옷차림에 브라운 계열의 슈즈를 더하면 수수하면서도 세련되어 보인다. 퍼 디테일이 돋보이는 덜 톤 어그 부츠는 포근하고 편안해서 휴일 룩에 잘 어울린다.

Dull 소프트 계열 컬러에 비해 명도가 낮은 덜 톤은 차분한 느낌이 도드라진다. 자연을 연상시키는 어스 컬러가 마음을 가라앉혀 아늑한 분위기를 연출한다.

⭐ 낮은 채도의 중후한 무게감
다크 톤 슈즈

다크 톤 슈즈는 격식 있는 자리에 어울리는 클래식 스타일이나 품위 있는 세미 캐주얼룩에 어울린다. 진한 네이비 컬러 데님 진과 카디건, 페르시안 블루 컬러 이너웨어, 푸른기 도는 그레이 니하이 부츠 등 풍성한 다크 계열 컬러를 매치하면 감각적이다. 무심하게 돌려 묶은 블루 머플러로 캐주얼한 느낌을 강조한다.

Dark 다크 톤은 블랙이 많이 섞여 무게감이 느껴지는 어두운 톤이다. 화려함과 거리가 먼 저채도 계열로 구성되어 안정적이고 중후한 느낌이 든다.

⭐ 걸리시 룩의 잇 아이템
페일 톤 슈즈

소녀의 풋풋함이 연상되는 페일 톤 슈즈는 걸리시 룩의 잇 아이템이다. 청순한 느낌의 화이트 스웨터와 옅은 물색 데님 진에 트렌디한 글래디에이터 샌들을 매치하면 모던함을 강조할 수 있다. 슈즈 컬러를 옅은 베이지로 선택해 전체적인 조화를 꾀하고 스카이 블루 페디큐어로 포인트를 주면 센스 있어 보인다.

Pale 페일한 색조는 유채색 중 가장 밝은 파스텔 컬러군이다. 화이트가 많이 섞여 있어 여리고 보드라운 인상을 준다. 귀엽고 깜찍하지만 유치해 보일 수도 있다.

©Topshop
낡은 듯한 덜 톤 앵클부츠는 빈티지한 멋이 있다.

©TOMS Shoes
슬립온 슈즈의 느긋한 분위기가 내추럴한 올리브 그린 컬러와 잘 어울린다.

©Byeuuns
다크 톤에 독특한 디자인과 소재가 더해지면 스타일리시해 보인다.

©Salvatore Ferragamo
전통적인 디자인의 페니 로퍼에 차분한 다크 톤 컬러를 더하면 단아함이 부각된다.

©repetto
옅은 크림 컬러의 스웨이드 플랫 슈즈는 순수함이 느껴진다.

©topshop
청초한 페일 톤 라벤더 컬러 샌들에 레몬 컬러 장식을 달면 깜찍하다.

©Chiara Ferragni

다크 그레이시 톤 슈즈

기품이 느껴지는 매니시 룩을 스타일링할 때는 다크 그레이시 톤 슈즈가 안성맞춤이다. 강렬한 카리스마가 돋보이는 블랙 수트 정장에 발등이 깊이 파인 가는 굽이 달린 블랙 킬 힐 펌프스를 신으면 섹시하게 연출할 수 있다. 광택 있는 실크 소재를 택하면 고급스러워 보인다.

Dark greyish 다크 그레이시 톤은 검정에 가깝지만 약간의 색감이 있어서 신비로운 분위기가 감돈다. 원숙미가 돋보이는 남성적인 매력이 특징이다.

빛 바랜 듯한 색감
라이트 그레이시 톤 슈즈

격조 있는 클래식 룩에 맞는
그레이시 톤 슈즈

여성스러움이 가미된 모던 시크 룩을 연출하고 싶다면 라이트 그레이시 톤 슈즈를 추천한다. 몸매를 드러내는 옅은 회색 니트 원피스에 한 톤 밝은 재킷을 덧입으면 도회적인 멋을 살릴 수 있다. 여기에 발목을 타이트하게 감싸는 날렵한 잿빛 계열의 킬 힐 부티를 선택하면 늘씬해 보인다.

Light grayish 라이트 그레이시 톤은 파스텔 컬러에 회색이 섞여 전체적으로 밝은 잿빛을 띤다. 살짝 바랜 듯한 색감이 수수하면서도 우아하고 세련돼 보인다.

채도가 낮은 그레이시 톤의 펌프스는 수수하면서도 고상한 아름다움이 특징이다. 그레이시 톤 슈즈는 점잖은 이미지를 강조한 격조 높은 클래식 룩에 적합하다. 커팅이 독특한 튤립 스커트에 심플한 미드 힐 샌들을 신으면 여성스럽고 우아해 보인다. 전체적인 컬러를 모노톤으로 제한하고 하의와 슈즈의 컬러를 회색으로 통일하면 단정해 보인다.

Grayish 그레이시 톤은 진하고 탁한 회색 계열의 색조이다. 서로 다른 색을 조화롭게 중화시켜 심리적인 안정감을 느끼게 한다.

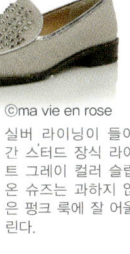

©ma vie en rose
실버 라이닝이 들어간 스터드 장식 라이트 그레이 컬러 슬립온 슈즈는 과하지 않은 펑크 룩에 잘 어울린다.

©asos
선이 간결한 밝은 그레이 샌들은 모던함의 정수를 보여 준다.

©Rene Caovilla by La Collection
그레이시 톤의 블루 컬러 뱀피 소재 샌들은 이국적인 매력이 느껴진다.

©Salvatore Ferragamo
잿빛이 도는 브라운 펌프스는 수수하고 고상해 보인다.

©ASHLEY
블랙 레이스 업 앵클부츠는 섬세한 터프함이 특징이다.

©Caparros
실크는 다크 그레이시 톤 컬러의 고급스러움을 돋보이게 하는 소재이다.

02
Basic Shoes Guide

감각적인 컬러 조합
슈즈&룩
컬러 매치

슈즈 스타일링을 할 때는 항상 함께 매치하는 아이템의 컬러를 고려해야 한다. 두 가지 이상의 색은 조합에 따라 느낌이 달라지기 때문이다. 또한 같은 배색이라도 비율과 배치 순서에 의해 인상이 변한다. 조화로운 컬러 매치 요령은 가급적 색의 수를 줄이고 톤을 기준으로 분류하는 것이다. 명암, 강약, 농담, 주목성과 명시성을 고려해 연출하고자 하는 이미지에 맞춘다.

©parisx3.blogspot.com

원 컬러&유사색 코디네이션

원 컬러 코디네이션과 유사색 배색 코디네이션은 통일감에 초점을 맞춘 연출법이다. 한 가지 또는 유사한 컬러를 바탕으로 스타일링하기 때문에 실패가 적고 무난하면서도 세련된 느낌이 든다.

스타일리시한 깔맞춤

원 컬러 슈즈 코디네이션

일명 깔맞춤이라 불리는 원 컬러 코디네이션은 전체 컬러를 한 가지 색으로 통일한 배색 방법이다. 의상과 슈즈의 통일감을 강조해 시선을 집중시킨다. 원색은 톡톡 튀는 강렬함을, 중성색과 다크 톤의 어두운 컬러는 차분하고 세련된 느낌을 준다.

통일감이 느껴지는 조화로움

유사색 배색 슈즈 코디네이션

색상환에서 서로 이웃한 유사색을 혼합한 배색 방법. 인접한 색들의 고유한 이미지가 드러나면서도 공통된 주조색이 통일감을 부여해 조화를 이룬다. 옷차림과 슈즈의 톤 차이가 적을수록 점잖고 수수하다. 시선을 끄는 강렬한 변화가 목적이라면 명도와 채도의 차이를 크게 둔다.

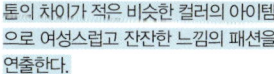

비비드 오렌지 컬러 고디네이션은 상큼한 반면 올 블랙 패션은 시크하다.

부드러운 스킨 컬러로 슈즈와 의상에 통일감을 주면 우아한 페미닌 엘레강스 룩이 완성된다.

톤의 차이가 적은 비슷한 컬러의 아이템으로 여성스럽고 잔잔한 느낌의 패션을 연출한다.

레드 와인 컬러 원피스에 옐로가 가미된 다크 브라운 컬러 머플러와 벨트, 슈즈를 더해 깊고 풍부한 색감이 느껴지는 레이디 라이크 룩을 선보인다.

톤 온 톤 슈즈 코디네이션

한 가지 컬러 안에서 톤의 차이를 크게 둔 배색 방법. 톤이 겹친다는 뜻으로 스카이 블루 재킷과 네이비 컬러 샌들, 진한 개나리색 스커트와 레몬 컬러 펌프스의 조합을 예로 들 수 있다. 안정감이 느껴지는 온화한 분위기가 장점이다. 레이어링을 활용한 페미닌 엘레강스 룩에 잘 어울린다.

톤 인 톤 슈즈 코디네이션

여러 컬러가 섞여도 톤이 동일하기 때문에 정돈된 느낌을 준다. 다채로운 색감이 주는 풍성하고 은은한 느낌이 특징이다. 의상과 슈즈의 채도와 명도가 높을수록 가볍고 선명하며, 낮을수록 묵직하고 중후한 분위기를 풍긴다.

©Laura Eliner

짙은 와인 컬러 펌프스에 페일한 미색 상의와 수수한 인디언 핑크 컬러 스커트를 매치해 안정적인 톤 온 톤 코디네이션을 선보인다.

하체에 자신감이 없다면 명도와 채도가 높은 색상의 상의를 입어 시선을 끌어올린다.

비비드한 레드와 핑크 컬러 아이템으로 연출한 톤 인 톤 코디네이션은 당돌하고 상큼한 분위기가 느껴진다.

라이트 그레이시 톤이 가미된 실버 펌프스와 블루 원피스를 매치하면 우아함이 느껴진다.

대조&멀티 컬러 코디네이션

대조와 멀티 컬러 코디네이션은 다양한 컬러의 배색에 의해 선명도가 한층 강렬해져 역동적이다. 슈즈와 룩의 자연스러운 통일감을 연출하는 게 관건이다.

상반되는 컬러의 시너지 효과

대조 컬러 배색 슈즈 코디네이션

색상환에서 반대편에 있는 보색을 혼합한 배색 방법. 대비에 의해 색의 선명도가 한층 강렬해져 역동적인 이미지를 완성한다. 생동감이 두드러지지만 촌스러워 보이기 쉬워 스타일링이 어렵다. 세련되게 연출하려면 의상을 고를 때 슈즈의 보색에서 살짝 비켜 나간 준보색을 선택하고 톤을 다양하게 변화시킨다.

개성 넘치는 믹스매치의 변주

멀티 컬러 배색 슈즈 코디네이션

3가지 이상의 컬러를 사용한 배색 방법. 선명한 원색 계열의 슈즈와 의상을 섞으면 시선을 끄는 시각적 효과가 두드러지지만 부드러운 중간 색조 아이템끼리 섞으면 차분해 보인다. 각각의 컬러가 차지하는 면적을 다양화하고 톤의 차이를 줄이면 자연스러운 통일감이 형성된다.

©Laura Elliner

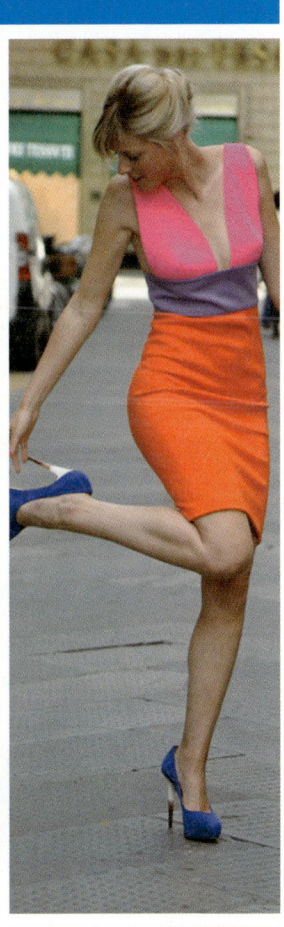

노랑 카디건과 보라색 원피스의 대비로 포인트를 주었다면 슈즈는 부드러운 느낌의 허니 브라운 컬러를 선택해 스타일링의 강약을 조절한다.

의상과 정반대되는 보색 슈즈라도 살짝 톤 다운된 컬러라면 무리 없이 잘 어울린다.

샌드 베이지와 연두색이 조합된 원피스에 허니 브라운 레오파드 샌들을 매치하고 민트색 페디큐어로 통일감을 꾀한다.

비비드한 여러 가지 컬러를 섞을 때는 슈즈와 의상도 이질적이고 과감한 디자인을 골라 쇼킹한 시각적 자극을 즐긴다.

그러데이션 배색 슈즈 코디네이션

컬러, 명도, 채도를 점진적으로 변화시킨 배색 방법. 연속적인 단계로 변해 가는 리듬감이 특징이다. 머리에서 발끝까지 컬러 변화가 적으면 섬세하고 은은하며, 크면 역동적이고 활기차다. 신비로우면서도 세련된 스타일에 어울리는 배색 방법이다. 안정감을 배가시키려면 옅은 컬러 상의를 입고 무겁고 진한 컬러의 하의와 슈즈를 매치한다.

세퍼레이션 배색 슈즈 코디네이션

여러 가지 색상 사이에 분리색을 위치시키는 배색 방법. 분리색은 기존의 배색을 살리면서도 또 다른 배색 효과를 더해 정돈된 이미지를 만들어 낸다. 흰색, 회색, 검정 같은 무채색 계열이나 화려함을 강조한 금색과 은색이 주로 쓰인다. 분리색과 동일한 컬러의 슈즈는 통일감이, 반대되는 색상은 대비 효과가 두드러진다.

슈즈 컬러를 레인보 그러데이션 스웨터의 다양한 컬러 중 하나인 블루로 통일해 전체적인 룩에 안정감을 부여한다.

깔끔한 화이트 슈즈와 파스텔 톤 그러데이션 원피스를 매치하면 청초한 엘레강스 룩이 연출된다.

골드 컬러 샌들은 세로로 컬러 블록이 나뉘어진 미니멀한 원피스에 과하지 않은 화려함을 더하는 포인트 아이템이다.

강렬한 네온 컬러 원피스를 한결 정돈되어 보이게 하는 요소는 굵은 블랙 벨트와 도던한 블랙 펌프스이다.

톡톡 튀는 포인트
악센트 배색 슈즈 코디네이션

기본 배색에 강조 컬러로 포인트를 준 배색 방법. 시각적인 긴장감을 조성해 생기를 주고자 할 때 활용한다. 보색 대비에 의한 악센트 컬러는 작은 면적을 사용할수록 강조 효과가 높아진다. 과해 보이기 쉬운 비비드 컬러를 세련되게 소화하기에 적합한 방법이기도 하다.

평범한 데님 진과 가죽 재킷이라도 브라이트한 코발트 블루 컬러 펌프스 한 컬레면 엣지 있는 캐주얼룩으로 변신한다.

스트랩 샌들처럼 발을 많이 노출하는 디자인의 슈즈는 쇼킹한 네온 컬러도 무리 없이 소화할 수 있다.

나는 따뜻한 여자일까?
차가운 여자일까?

Warm Tone VS
Cool Tone

자신에게 어울리는 색을 찾기 위해서는 우선 톤을 분류해야 한다. 모든 사람은 따뜻한 웜 톤과 차가운 쿨 톤 중 하나에 속한다. 자연광 아래 메이크업하지 않은 상태에서 머리카락과 눈동자, 피부색을 잘 살펴보자. 갈색 머리카락에 햇볕에 쉽게 타는 노란기 많은 피부라면 웜 톤, 검은 머리카락과 햇볕에 달아오르는 붉은기 도는 피부라면 쿨 톤이다. 태닝과 염색을 했다면 피부 컬러에 가까운 부분을 골라 테스트한다. 나만의 퍼스널 컬러는 결점을 감춤으로써 건강한 아름다움을 돋보이게 한다.

웜톤	쿨톤
피부에 노란기가 많다	피부에 붉은기가 많다
머리카락과 눈동자 컬러가 브라운에 가깝다	머리카락과 눈동자 컬러가 블랙에 가깝다
손목의 핏줄이 그린에 가깝다	손목의 핏줄이 블루에 가깝다
햇볕에 장시간 있으면 쉽게 탄다	햇볕에 장시간 있으면 빨갛게 익는다
골드 주얼리가 잘 어울린다	실버 주얼리가 잘 어울린다
아이보리색이 잘 어울린다	순백색이 잘 어울린다
허니 베이지와 브라운이 잘 어울린다	네이비 블루와 차콜 그레이가 잘 어울린다
피치 계열 립스틱이 잘 어울린다	핑크 계열 립스틱이 잘 어울린다
손이 예뻐 보이는 매니큐어 컬러는 오렌지, 브라운, 그린 계열이다.	손이 예뻐 보이는 매니큐어 컬러는 레드, 핑크, 블루 계열이다.
사랑스러운 또는 성숙한 이미지가 강하다	청순한 또는 시크한 이미지가 강하다

웜 타입은 따뜻한 색감이, 쿨 타입은 차가운 색감이 어울린다. 같은 빨강이라도 노랑이 섞였다면 웜 톤에 속하고 파랑이 섞였다면 쿨 톤에 속하는 것이다. 각각의 톤은 밝고 어두움에 따라 봄, 여름, 가을, 겨울의 4가지 그룹으로 분류된다.

웜톤		쿨톤	
봄	가을	여름	겨울
젊고 사랑스러운 이미지	성숙하고 차분한 이미지	상냥하고 청순한 이미지	도도하고 모던한 이미지

03

Basic Shoes Guide

가죽부터 실크까지

소재별

슈즈 코디법

색과 디자인이 같은 슈즈라도 소재에 따라 느낌이 달라진다. 예를 들어 반짝이는 에나멜은 섹시하고 시크해 보이지만 부드러운 스웨이드는 수수하고 포근해 보인다. 소재마다 어울리는 스타일이 각각 다른 것이다. 슈어홀릭들이 같은 슈즈를 소재별로 여러 켤레 구매하는 이유가 바로 여기에 있다.

©Camilla Skovgaard

스타일, 편리성을 모두 갖춘

가죽 소재 슈즈 코디네이션

가죽은 견고하여 내구성이 좋고 땀구멍으로 공기가 통해 발 건강에 좋다. 표면의 결과 색이 아름답지만 무겁고 습기에 약해서 꾸준히 관리해야 한다. 최근에는 다양한 가공 방법에 의해 가죽뿐만 아니라 가볍고 저렴한 합성 피혁의 개발이 활발하다.

자연스럽고 편안한 스타일

일반피 슈즈

소, 염소, 양 가죽은 가장 흔하게 쓰이는 소재로 종류가 다양하고 구하기 쉽다. 가죽 소재의 슈즈는 통기성이 우수하고 자연스럽다. 생후 기간이 짧은 새끼의 가죽은 얇고 부드러워 내구성이 떨어지는 반면 다 자란 성체의 원피는 두껍고 튼튼해서 투박해 보인다.

©Chiara Ferragni

©Salvatore Ferragamo
보온성을 고려한 롱부츠는 얇은 양가죽보다는 튼튼한 소가죽이 잘 맞는다.

©ELCANTO
소가죽의 부드러운 터치감이 느껴지는 펌프스는 베이식한 아이템이다.

©FUGU MALIBU
친환경적인 방법으로 가죽을 가공한 베지터블 가죽은 내추럴함이 돋보인다.

이국적인 고급스러움

특피 슈즈

뱀, 타조, 악어, 도마뱀, 장어, 가오리 등의 가죽은 광택과 무늬가 독특하며 고가이다. 두께가 얇아서 찢어지기 쉬우니 섬세하게 다뤄야 한다. 소재 자체에서 배어나오는 이국적인 고급스러움이 돋보인다.

©STUART WEITZMAN
스킨 컬러 뱀피 슈즈는 클래식함과 트렌디함이 공존한다.

©ELCANTO
아나콘다 가죽과 라이트 블루 컬러를 매치하면 시크하고 페미닌하다.

스웨이드 슈즈

가죽의 내면을 부풀려서 솜털을 세운 스웨이드는 부드럽고 따뜻해 보인다. 컬러가 다양하고 가격이 저렴하지만 쉽게 더러워지고 세탁이 어렵다. 환절기에 어울리는 포근한 느낌을 자연스럽게 연출하기 좋다.

에나멜 슈즈

겉면에 에나멜 도료를 칠해 거울과 같은 광택이 난다. 다른 소재에 비해 물에 견디는 성질이 강해서 관리하기 쉽지만 스크래치와 열에 약하다. 코팅 처리가 되어서 시크하고 섹시한 인상을 준다.

송치 슈즈

송치는 송아지의 털이 그대로 살아 있는 고급 소재로 별 다른 디테일 없이도 럭셔리해 보인다. 레오파드, 지브라 등의 패턴이 더해지면 야성미가 배가된다. 겨울철 옷차림을 따스하게 연출할 수 있는 포인트 아이템이다.

ⒸChiara Ferragni

ⒸLaura Ellner

ⒸLaura Ellner

ⒸMINNETONKA
스웨이드 소재에 프린지, 깃털, 비즈를 달면 목가적인 분위기를 느낄 수 있다.

ⒸELCANTO
스웨이드 소재로 섹시한 느낌을 주고 골드 콩장식이 들어간 발목 스트랩으로 포인트를 주어 드레시하다.

Ⓒma vie en rose
매끈한 페이턴트 소재는 미니멀함의 극치이다.

ⒸELCANTO
에나멜 소재로 핑크의 컬러감을 살려 주어 페미닌하다. 이중 가보시 사이에 골드와 레드 배색을 넣어 멋스럽다.

ⒸBORN
반짝이는 에나멜 소재가 오렌지 컬러를 더욱 강렬하게 한다.

ⒸSTEVEN EAVAN
스터드 장식 레오파드 송치 플랫 슈즈는 펑크룩에 제격이다.

ⒸELCANTO
송치 소재에 레오파드 패턴이 들어가면 섹시하고 럭셔리하다. 슬림한 라인의 코팅 힐이 다리 라인을 강조해 세련돼 보인다.

직물 소재 슈즈 코디네이션

직물은 촉감이 좋고 통기성이 뛰어나며 컬러와 패턴이 다양하다. 가볍고 섬세한 표현이 가능해서 이브닝 슈즈 제작에 주로 쓰인다. 시스루 소재처럼 내구성이 약한 소재는 가죽과 함께 조합해서 단점을 보완한다.

로맨틱 스타일
실크 슈즈

일명 비단이라 불리는 실크는 누에고치에서 뽑은 실로 짠 직물이다. 가볍고 질긴 반면 햇볕에 바래거나 더러워지기 쉽다. 광택이 은은해서 우아하고 여성스러운 스타일에 잘 어울린다.

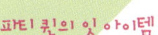

©MIA

©Giuseppe Zanotti by La Collection
심플한 플랫 샌들도 큰 실크 리본이 달리면 로맨틱하게 변신한다.

©Cesare Paciotti
라이트 그레이 톤의 단아한 색감이 실크의 은은한 광택과 만나 우아하다.

©rsvp
고급스러운 실크 소재에 화려한 주얼 장식이 더해지면 로맨틱함이 배가된다.

파티 퀸의 잇 아이템
벨벳 슈즈

실크, 레이온 등을 가공해서 만든 부드러운 솜털이 달린 천으로 '비로드'라고도 한다. 지적인 이미지가 배어 나오는 여성스러움이 특징이다. 절제된 섹시함이 가미된 럭셔리 파티 룩에 활용한다.

© Penelope Chilvers
벨벳 소재 로퍼는 댄디하면서도 품격이 느껴진다.

©ZIGI
레오파드나 지브라 무늬의 벨벳 슈즈는 송치와 비슷한 느낌을 내면서도 가격은 저렴하다.

망사 슈즈

그물처럼 성기게 짜여 투명하고 가볍다. 발의 굴곡을 따라 살짝 비치는 실루엣이 신비로운 섹시함을 자아낸다. 우아한 드레스에 시스루 슈즈를 신으면 고혹적인 페미닌 엘레강스 룩을 연출할 수 있다.

코튼 슈즈

코튼의 원료는 목화이다. 부드럽고 통기성이 좋아 더운 여름에 잘 어울리는 소재이다. 원단의 짜임이 굵고 컬러가 차분하다면 소박한 내추럴 스타일로, 짜임이 섬세하면서 프린트가 화려하다면 귀여운 걸리시 룩으로 연출한다.

캔버스 슈즈

튼튼해서 실용적인 캔버스는 굵은 조직으로 짜여진 면 또는 마직물의 일종이다. 스포티한 느낌이 강해 활동성이 좋은 운동화나 슬립온에 주로 쓰인다. 캐주얼 웨어와 함께 매치해 편안한 데이 룩을 완성한다.

ⒸLaura Eliner

ⒸDr Martens
워커 부츠 특유의 터프함이 여성스러운 플라워 프린팅 소재와 만나 언밸런스하면서도 톡톡 튀는 매력을 발산한다.

ⒸManolo Blahnik
자수를 놓은 망사 소재 펌프스는 청초함의 극치다.

ⒸJimmy Choo
블랙 망사 스트랩 부티는 팜므파탈이 느껴진다.

ⒸBASS
걸리시 룩을 연출하고 싶다면 꽃무늬가 프린팅된 코튼 슈즈로 서정적인 분위기를 강조한다.

ⒸFITZWELL
컬러풀한 코튼 에스파드리유는 통기성과 착용감이 좋다.

ⒸCONVERSE
캔버스 스니커즈는 언제나 편안하고 스타일리시하다.

신체 결점을 감추는
체형별, 발 모양별 슈즈 매치

발의 형태와 사이즈, 신체적인 특징은 슈즈를 고를 때 심사숙고해야 할 부분이다. 본인의 체형과 어울리는 슈즈는 발과 다리를 한결 예뻐 보이게 하지만 반대의 경우는 상체와 하체의 실루엣을 무너뜨린다.

작은 발을 위한 슈즈 선택법
길어 보이는 착시 효과를 노려라

상체에 비해 지나치게 작은 발은 비례가 맞지 않아 불안해 보이기 쉽다. 앞코가 뾰족하고 볼이 좁은 펌프스나 발가락이 노출되는 토 오픈 슈즈는 발이 길어 보이는 착시 효과가 뛰어나다. 팽창색인 레드 계열과 반짝이는 메탈릭 컬러 슈즈를 선택한다.

ⓒPour La Victoire
옐로 계열의 날렵한 포인티 토는 발을 길어보이게 한다.

ⓒSteven
레드, 옐로처럼 따뜻해 보이는 색의 슈즈는 실제보다 발이 커 보인다.

큰 발을 위한 슈즈 선택법
귀엽고 여성스럽게 연출하라

큰 발은 투박한 느낌을 덜어 내고 여성스러운 느낌을 살려 연출한다. 라운드 토 슬링 백이나 핍토 슈즈는 발의 일부분을 노출해 날렵해 보인다. 여기에 리본, 버클, 레이스 장식을 더해 귀여움을 더한다.

ⓒRaton
큰 장식으로 발등을 가리고 시선을 집중시키면 발이 한결 작아 보인다.

ⓒRSVP
차가워 보이는 네이비는 발이 작아 보이는 수축색이다.

통통한 발을 위한 슈즈 선택법

축소돼 보이는 컬러,
디자인을 활용한다

통통한 발은 발등의 살과 넓은 발볼을 감춰주는 슈즈를 선택해야 한다. 갸름한 포인티드 토와 긴 스퀘어 토, 발등과 옆 부분을 충분히 가려 주는 톱 라인, 수축 효과가 있는 짙은 색은 발을 늘씬하게 보이게 한다. 여기에 발등 위를 X자로 교차하는 끈으로 시선을 분산시키면 효과가 배가된다.

칼 발을 위한 슈즈 선택법

화려한 무늬와 색감으로
무장하라

지나치게 마른 발은 뼈가 두드러져 자칫 아파 보일 수 있다. 라운드 토를 선택해서 부드러움을 강조하고 밝은 파스텔 계열, 비비드 컬러, 화려한 무늬로 생기를 준다. 발을 많이 드러내기보다는 부티나 끈이 많이 달린 글래디에이터 샌들을 신어 볼륨감을 살린다.

ⓒasos
매트한 질감의 슈즈는 통통한 발을 부각시키지 않아 결점을 감춘다.

ⓒELCANTO
X자 스트랩은 발등을 잡아 주어 착화감과 동시에 시각적인 트렌디함이 느껴진다. 일자로 발등을 덮는 것보다 시선을 사선으로 분산시켜 넓은 발볼을 커버해 주는 시각 효과를 낼 수 있다.

ⓒrupert sanderson by
ELBON the style BLACK
굵은 스트랩과 메탈릭 컬러는 마른 발에 양감을 더해 준다.

ⓒNATURALIZER
발등을 덮는 디자인의 화려한 프린팅 샌들은 볼륨감을 더한다.

작은 키를 위한 슈즈 선택법

플랫폼으로 티 내지 말고 높아져라

키가 작다면 하이힐을 사수해야 한다. 가보시가 있는 플랫폼과 웨지 힐은 바닥에 닿는 면이 넓어서 굽이 높아도 발이 편하다. 발목과 종아리를 가리거나 두꺼운 스트랩으로 감싸는 앵클 스트랩 슈즈와 글래디에이터 샌들은 답답해보이므로 발등을 드러내는 펌프스나 날렵한 토 오픈 슈즈를 선택한다.

큰 키를 위한 슈즈 선택법

흐름을 끊어 시선을 분산하라

큰 키가 콤플렉스라면 플랫 슈즈를 추천한다. 둥근 코는 부드러운 느낌을, 스퀘어 토는 세련된 분위기를 풍긴다. 앵클 스트랩 슈즈와 앵클부츠는 전체적인 실루엣의 흐름을 중간에서 끊어 작아 보이게 하는 착시 효과가 있다. 다리가 가늘다면 종아리 중간에 위치하는 하프 부츠도 좋다. 육중한 플랫폼과 청키한 굽은 거대해 보이므로 앙증맞은 키튼 힐을 선택해 귀엽게 연출한다.

ⓒasos
슈즈의 앞쪽에 가보시가 힐이 있으면 굽이 높아도 발이 편하다.

ⓒELCANTO
가보시가 들어간 펌프스는 작은 키를 커버해 주는 세련된 아이템.

ⓒB Brian Atwood
앵클 스트랩 플랫 슈즈는 시선을 분산시켜 키가 작아 보인다.

ⓒCOLORS OF CALIFORNIA
여러 개의 스트랩이 수평으로 가로지르는 디자인은 큰 키를 작아보이게 한다.

굵은 다리를 위한 슈즈 선택법

청키한 굽, 톤다운 컬러를 사수하라

상체와 하체의 균형을 맞춰야 단점을 보완할 수 있다. 투박한 느낌의 슈즈로 무게 중심을 아래쪽으로 쏠리도록 연출하면 안정적이고 편안해 보인다. 날렵한 스틸레토 힐 펌프스나 가는 끈으로 제작된 샌들보다는 청키한 플랫폼 슈즈, 웨지 힐, 클로그와 헐렁한 니하이 부츠를 활용하는 편이 좋다. 이때 의상과 슈즈를 톤 다운된 컬러로 통일하면 한층 날씬해 보인다.

굵은 발목을 위한 슈즈 선택법

루스한 실루엣으로 편안하게 연출하라

굵은 발목에 이목이 집중되지 않게 연출한다. 발등을 노출하는 가는 사선 스트랩 샌들이나 발목을 가리는 루스한 앵클부츠 또는 넉넉한 어그 부츠가 현명한 선택이다. 앵클 스트랩 슈즈는 발목을 강조하므로 피한다.

ⒸFranco Sarto
스트랩이 사선으로 달린 샌들은 시선을 발등으로 모은다.

ⒸPROMISCUOUS
독특한 굽이 시선을 끌어 내려 안정감이 배가된다.

ⒸByeuuns
여러 개의 버클과 투박한 굽이 달린 부츠는 묵직한 무게감이 느껴져 하체를 안정감 있게 받쳐 준다.

ⒸFrye by REVOLVE
발목을 가리는 바이커 부츠의 터프한 남성미가 다리의 부드러운 곡선을 강조해 가녀린 각선미가 연출된다.

굵은 종아리를 위한 슈즈 선택법
보디 라인을 드러내라

섬세한 디자인의 슈즈는 두꺼운 종아리와 대비되어 단점이 부각된다. 여성스러운 플랫 슈즈, 얇은 끈의 샌들, 각선미를 드러내는 타이트한 하프 부츠 대신 굵은 스트랩 샌들, 청키한 굽이 달린 펌프스와 부티, 헐렁한 니하이 부츠를 고르자. 웨지 힐과 킬 힐로 늘씬한 실루엣을 완성한다.

ⓒSOFFT
굵은 스트랩 샌들은 견고하고 튼튼해 보인다.

ⓒCarvela by asos
광택이 없는 매트한 질감의 슈즈는 통통한 발이 부각되지 않아 결점을 감추기 좋다.

짧은 다리를 위한 슈즈 선택법
스킨 톤 컬러를 활용하라

허벅지에서 발끝으로 이어지는 라인이 시원하게 드러나야 다리가 길어 보인다. 톱 라인이 깊이 파인 하이힐 펌프스와 발등 위를 수직으로 가로지르는 T-스트랩 슈즈를 활용한다. 피부와 비슷한 스킨 톤 컬러를 선택하거나 슈즈와 레그 웨어의 색상을 통일해서 시선이 이어지도록 연출한다.

ⓒDV BY DOLCE VITA
골드 T-스트랩 샌들은 늘씬함을 강조하기 좋다.

ⓒSagana
웨지 힐이 달린 스킨 컬러 슬링백 슈즈는 늘씬함은 물론 착용감도 좋은 아이템이다.

알 종아리를 위한 슈즈 선택법
낮은 굽을 선택하라

알 종아리는 뒤태에 초점을 맞춰 슈즈를 선택한다. 굽이 높아질수록 근육이 긴장되어 다리가 울퉁불퉁해 보이므로 지나치게 높은 굽은 피한다. 스틸레토 힐은 상대적으로 더 가늘게 느껴져서 불안해 보이기 쉽다. 두꺼운 굽이 달린 미드 힐 슈즈가 무난하고 안정적이다. 타이트한 부츠는 종아리를 압박할 뿐만 아니라 신고 벗기 불편하니 지퍼가 달리거나 톱 라인이 넉넉한 제품을 선택한다.

ⓒCIRCA JOAN & DAVID ENBRY
날렵한 디자인의 웨지 힐은 편안하고 스타일리시해 보인다.

ⓒRepetto
종아리 근육을 부각시키지 않으면서 발이 편안한 굽의 높이는 3~5cm 정도가 적당하다.

내 발에 꼭 맞는 슈즈를 고르는 법

My Best Shoes

마이 베스트 슈즈

착용감은 반드시 슈즈를 직접 신어 보고 판단해야 한다. 개인의 신체적 특징과 변화뿐만 아니라 슈즈의 디자인, 소재, 제조 회사 등에 따라 느낌이 달라지기 때문이다. 양쪽 발에 슈즈를 신고 충분히 걸어 보자.

©Chiara Ferragni

정확한 발 사이즈 알기

하얀 종이에 체중을 실어 발을 올리고 펜을 직각으로 유지하여 발의 바깥 둘레를 따라 그린다. 뒤꿈치부터 가장 긴 발가락까지가 발 길이, 바깥쪽으로 가장 튀어 나온 양 옆의 너비가 발볼이다. 발등은 제일 높이 솟은 부분을 줄자로 둘러 잰다. 슈즈를 신고 발가락을 앞코에 붙였을 때 뒤쪽은 손가락 반 마디가 들어갈 정도의 여유가 있고 옆쪽은 벌어지는 틈 없이 딱 맞는 것이 좋다.

슈즈 쇼핑은 늦은 오후에

꼭두새벽부터 슈즈를 사러 나서는 부지런함은 금물이다. 발이 부어올라 사이즈가 늘어나는 늦은 오후까지 기다려라.

여유 만점 앞코

여유가 없는 꼭 맞는 앞코는 불편하고 답답하다. 발가락을 꼼질꼼질 구부리거나 펼 수 있도록 1cm 정도의 여유 공간을 염두에 두자. 지나치게 좁고 뾰족한 슈즈는 굳은살과 티눈 같은 발 질병의 원인이니 멀리한다.

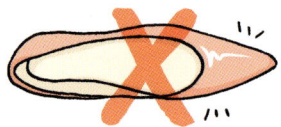

깊은 뒷부분, 낮은 옆 부분

슈즈의 뒷부분은 뒤꿈치를 지탱할 수 있도록 충분히 깊어야 한다. 옆 부분은 봉긋 솟은 복사뼈에 닿지 않아야 편안하다. 슈즈를 신고 발가락을 앞코에 붙였을 때 뒤쪽은 손가락 반 마디가 들어갈 정도의 여유가 있고 옆쪽은 벌어지는 틈 없이 딱 맞는 것이 좋다.

처음 신었을 때 느낌을 믿어라

처음 신었을 때 불편한 슈즈가 발에 맞춰 늘어난다는 말에 넘어가지 말자. 아무리 부드러운 천연 가죽이라도 슈즈보다는 발이 먼저 변형될 확률이 높다. 페이턴트처럼 딱딱한 가죽이나 실크처럼 신축성이 없는 천 종류는 특히 유의한다. 나쁜 남자와 아픈 슈즈는 쉽게 변하지 않는 법이다.

한국의 신발 사이즈와 해외에서 사이즈를 표시하는 기준이 다르므로 신발 구입 시 사이즈 교환표를 알아 두자.

	여자 구두 사이즈 차트										
KOREA(mm)	220	225	230	235	240	245	250	255	260	265	270
JAPAN(cm)	22	22.5	23	23.5	24	24.5	25	25.5	26	26.5	27
US	5	5.5	6	6.5	7	7.5	8	8.5	9	9.5	10
EUROPE	35	36	36.5	37	38	38.5	39	40	40.5	41	42
UK	3	3.5	4	4.5	5	5.5	6	6.5	7	7.5	8

©Laura Ellner

세부 사항까지 꼼꼼하게 살펴보자

내피는 간과하기 쉽지만 편안한 발을 위해 살펴야 할 중요한 부분이다. 발이 직접적으로 닿는 부분이므로 부드럽고 매끈한지, 이상한 냄새가 나지는 않는지, 접합 부분의 바느질이 튼튼한지 확인해야 한다. 더불어 슈즈 밑창이 단단하고 깔끔하게 붙었는지도 꼼꼼히 확인한다.

슈즈 전문가 슈피터

자신의 발에 대해 좀 더 자세히 알고 싶다면 슈피터라 불리는 슈즈 진문가의 도움을 받아보자. 슈피터는 기능성 슈즈를 판매하는 매장에 가면 만날 수 있다. 정확한 사이즈 측정을 통해 본인에게 적합한 슈즈를 알려 준다.

중심이 중요하다

무거운 체중을 작은 면적으로 떠받치려면 슈즈의 중심이 잘 맞아야 한다. 눈높이에 맞는 평평한 곳에 슈즈를 놓고 흔들리지 않는지 관찰하라. 굽이 삐뚤어지지 않았는지, 두 짝의 바닥을 맞붙였을 때 굽 사이에 틈이 없는지도 살펴본다. 굽을 임의로 자르는 것은 슈즈 자체의 각도를 틀어지게 하므로 절대 금물이다.

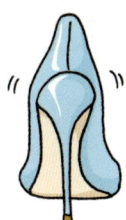

슈즈의 **매력**에 빠지셨나요?
자, 이제 매력적인 나로
변신해 보세요!
필 꽂히는 **슈즈 하나면**
OK!

Thanks to

슈즈를 사랑하는 슈어 홀릭을 위하여

사랑하는 나의 부모님, 정신적 지주 손 군, 출간을 위해 물심양면 힘써 주신
넥서스 출판사와 경영선 편집자님, 멋진 사진을 찍어 준 정지필 작가님,
스타일리시한 파리 스트리트 사진을 찍는 블로거(parisx3.blogspot.kr)
오진혁 작가님, 셀러브리티 사진을 찍는 렉스피처스,
인터뷰에 허락해 주신 마비엥 로즈 이선율 디자이너,
바이언스 김고은·유병선 디자이너, 삭스 유즈얼리 김종아 디자이너,
조명숙 패션 에디터, 해외의 유명한 스타일 블로거 바바라 앤더슨,
키아라 페라그니, 로라 엘너, 쉐 마리아, 코리 콤즈 그리고 책을 위해 도움을
아끼지 않으셨던 분들에게 감사드립니다.
특히 슈즈 업계에 종사하시는 모든 분들 정말 감사합니다.
무엇보다 이 책을 읽고 있는 당신께
가장 큰 감사의 인사를 전합니다.

도움 주신 분들

*스트리트 블로거

키아라 페라그니 Chiara Ferragni
www.theblondesalad.com
이탈리아 밀라노에 사는 키아라 페라그니는 패션 블로그계의 슈퍼 스타이다. 그녀의 블로그 하루 방문자 수는 무려 110,000 명에 육박할 정도이다. 단정한 플랫 슈즈에서 섹시한 이브닝 샌들에 이르기까지 다양한 슈즈를 감각으로 믹스매치하는 패션 센스가 돋보인다.

로라 엘너 Laura Ellner
www.ontheracks.com
미국 뉴욕에 사는 로라 엘너의 스타일은 패션의 중심지 뉴욕에 걸맞게 세련되고 모던하다. 가는 끈이 교차하는 글래디에이터 샌들과 청키한 굽이 달린 구조적인 디자인의 플랫 샌들, 심플한 펌프스에서 도회적인 멋이 느껴진다. 비비드 컬러 아이템을 시크하게 풀어내는 시티 룩이 감각적이다.

쉐 마리 Shea Marie
www.cheyennemeetschanel.com
미국 할리우드에 사는 쉐 마리는 디자인과 스타일링에 능한 패셔니스타이다. 시크한 캘리포니아 걸답게 비비드 컬러의 아찔하게 높은 플랫폼 슈즈를 즐겨 신는다. 편안한 휴일에는 웨스턴 부츠를 매치해 모던한 보헤미안 패션을 완성한다.

코리 콤즈 Coury Combs
fancytreehouse.blogspot.com
미국 이스트네쉬빌에 사는 코리 콤즈는 사랑스러운 걸리시 룩을 선보이는 패션 블로거이다. 빈티지한 옥스퍼드 슈즈와 편안한 로퍼, 캔디 컬러 펌프스와 귀여운 리본이 달린 샌들처럼 로맨틱한 슈즈를 선호한다. 특히 귀여움을 배가시키는 코리의 삭스 스타일링은 눈여겨볼 만하다.

*슈즈 마니아

세라 디자인 아카데미 조명숙 원장, 조형만 선생
엘칸토 마케팅팀 박영선 주임
닥터 마틴 박경아 홍보 담당자
달링유 이경희 홍보 담당자
라꼴렉시옹 정지혜 홍보 담당자
레페토 홍보 담당자
루이스 제니 매니저
마놀로 블라닉 류지원, 황혜영 홍보 담당자
모노 버튼 김건범 매니저
바바라 가로수길 점 매니저
분더샵 정유진, 신혜정 홍보 담당자
도나 보보스 현금순 이사
블러쉬 이수진 매니저
쉐 에보카 이은지 디자이너
신세계백화점 이정아 주임
슈즈박 박대섭 대표
슈콤마보니 김주하 홍보 담당자
슈퍼노말 민경은 홍보 담당자
쏠트컴 전지은 주임
아이러브모니카 마진희 매니저
엘본더스타일 채연욱 홍보 담당자
일모 유란희 홍보 담당자
지미추 김가빈 홍보 담당자
체사레 파치오티 김이랑, 우기쁨 홍보 담당자
탐스 슈즈 박유라 홍보 담당자
톰 그레이하운드 다운스테어 이고은 홍보 담당자
퍼블리시드 신용관 홍보 담당자
페라가모 최단비, 이유경 홍보 담당자